低渗透油藏非线性渗流机理与CO_2微泡沫驱油研究

郭　肖　高振东　周　明　王　颖　著

科 学 出 版 社

北　京

内容简介

延长油田主力开发层延长组油藏表现出典型的“低渗、低压、低产”特征，素有“井井有油、井井不流”之称。本书全面阐述低渗透油藏裂缝研究方法、非线性渗流理论与实验以及 CO_2 微泡沫驱提高采收率方法。

本书可供油气田开发工程领域技术人员以及大专院校师生学习参考。

图书在版编目(CIP)数据

低渗透油藏非线性渗流机理与 CO_2 微泡沫驱油研究 / 郭肖等著. — 北京：科学出版社, 2019.8

ISBN 978-7-03-061841-2

Ⅰ. ①低… Ⅱ. ①郭… Ⅲ. ①低渗透油层-非线性力学-油气藏渗流力学-研究 ②低渗透油层-二氧化碳-气压驱动-泡沫驱油-研究 Ⅳ. ①TE348

中国版本图书馆 CIP 数据核字 (2019) 第 147587 号

责任编辑：罗　莉 / 责任校对：彭　映

责任印制：罗　科 / 封面设计：墨创文化

科学出版社 出版

北京东黄城根北街16号

邮政编码：100717

http://www.sciencep.com

四川煤田地质制图印刷厂印刷

科学出版社发行　各地新华书店经销

*

2019 年 8 月第　一　版　开本：720×1000　B5

2019 年 8 月第一次印刷　印张：11

字数：249 000

定价：149.00 元

（如有印装质量问题，我社负责调换）

前　言

延长油田是我国石油工业的发源地，1907 年投产了中国陆上第一口油井，其主力开发层延长组油藏表现出典型的“低渗、低压、低产”特征，素有“井井有油，井井不流”之称。延长组低渗透油藏非均质性强、微裂缝发育、孔隙喉道狭窄，且东西部油藏埋藏深度和压裂裂缝特征差异大，导致延长组非线性渗流规律极其复杂。此外，延长油田长期利用天然能量开采，近年来开始实施注水，表现出低渗透油藏注水见效缓慢，裂缝发育区油井水窜和水淹严重，水驱效果不理想，加之陕北地区水资源短缺，严重制约着延长组低渗透油藏经济有效开发，需要建立适合延长组低渗透油藏提高采收率的新途径。

本书共 5 章，全面阐述延长组低渗透油藏裂缝研究方法、非线性渗流理论与实验以及 CO_2 微泡沫驱提高采收率方法。第 1 章为绪论：主要综述储层孔隙特征、储层裂缝特征、非达西渗流、启动压力梯度、应力敏感性、裂缝性油藏渗流理论和提高采收率技术等研究进展。第 2 章为低渗透储层裂缝特征综合研究：主要从渗流通道不同尺度出发，由点到面逐级深入，采用铸体薄片分析、压汞分析、恒速压汞、CT 扫描、古地磁定位、微地震监测以及水驱前缘监测等多种研究手段，综合开展延长组低渗透储层裂缝特征研究。第 3 章为低渗透储层岩心非线性渗流特征实验研究：针对延长组低渗透油藏中孔细喉的孔隙结构特征，主要开展非达西渗流实验、微观驱替实验、启动压力梯度实验、油水渗流驱替实验以及储层应力敏感性实验评价，揭示延长组低渗透油藏非线性渗流规律。第 4 章为裂缝性低渗油藏非线性渗流数学模型与机理模拟：基于延长组低渗透油藏非线性渗流实验，建立基质系统考虑启动压力梯度和裂缝系统考虑应力敏感作用的裂缝性低渗透油藏非线性渗流数学模型，开发具有自主知识产权的裂缝性低渗透油藏非线性渗流数值模拟软件，模拟评价启动压力梯度和应力敏感作用对裂缝性低渗透油藏开发动态的影响，完善裂缝性低渗透油藏非线性渗流理论。第 5 章为低渗透油藏 CO_2 微泡沫驱油研究：主要开展延长组低渗透油藏耐高矿化度 CO_2 微泡沫起泡剂的筛选、CO_2 起泡体系性能评价、CO_2 微泡沫驱油微观刻蚀模拟、CO_2 微泡沫注入性实验、CO_2 微泡沫驱油实验和 CO_2 微泡沫驱技术应用等研究，形成了适合延长组油藏提高采收率方法。

希望本书能为油气田开发研究人员、油藏工程师以及油气田开发管理人员提供参考，同时也可作为大专院校相关专业师生的参考书。限于作者的水平，本书难免存在不足和疏漏之处，恳请同行专家和读者批评指正，以便今后不断对其进行完善。

目　　录

第 1 章 绪　　论

1.1 引　　言

延长油田位于鄂尔多斯盆地中部，是我国石油工业的发源地，其在 1907 年投产中国陆上第一口油井，2007 年原油产量突破 1000 万吨。油田主力开发层位是三叠系延长组长 2 和长 6 油层，这两个层位的产量占油田总产量的 90%以上。延长组油藏表现出典型的“低渗、低压、低产”特征，俗语有“井井有油，井井不流”。延长组低渗透油藏微裂缝发育，储层非均质性强，孔隙喉道狭窄，渗流机理复杂，且延长油田东西部油藏埋藏深度和压裂缝特征差异大，目前对延长组中孔细喉储层的渗流规律尚无系统深入的研究。

由于历史的原因，延长油田长期利用天然能量开发，没有规则的注采井网，没有注水配套工程建设和相应的注水技术。油田开发是一个不可逆的过程，由于没有实施超前或同步注水开发，储层物性已经发生了较大变化，虽然近年来大部分油区实施了被动的滞后注水，但是很多成熟的注水技术已无法正常使用，导致注水开发出现了较多问题：一是由于部分区域层内非均质性强，差油层吸水能力差，地层能量得不到及时补充，注水见效慢，油井增产措施效果差，自然递减率偏高；二是延长油田所在的陕北地区水资源严重短缺，目前除了将油层产出水全部回注，每年还需要补充约 1500 万 m^3 清水水源，水源短缺问题日益凸显；三是由于裂缝较发育，油层注入水无效循环严重，部分油井出现含水上升过快、水窜和水淹等突出问题。这些问题严重制约着延长组低渗透油藏的经济有效开发，需要开辟适合延长组低渗透油藏提高采收率的新途径。

本书采用物理模拟和数学模拟相结合、微观研究和宏观研究相结合、理论与实践相结合的研究方法，开展低渗透储层裂缝特征综合研究、非线性渗流特征实验、裂缝性低渗透油藏双重介质非线性渗流模拟以及 CO_2 微泡沫驱油研究。提供了一套针对延长组低渗透油藏裂缝特征的研究手段，完善了裂缝性低渗透油藏非线性渗流理论，对于进一步提高延长低渗油藏开发效果具有重要的理论价值与实际意义。

1.2 低渗透油藏非线性渗流与提高采收率研究进展

本书针对延长组低渗透油藏非线性渗流和提高采收率科学问题及技术难题，

开展了大量的文献调研工作，对低渗透储层的孔隙特征、裂缝特征、非达西流渗流、启动压力梯度、应力敏感性、裂缝性油藏渗流理论和提高采收率技术等方面的研究进展进行了综合分析。

1.2.1 储层孔隙特征研究进展

目前，储层微观特征研究最核心的内容就是对孔隙结构特征的研究，主要分为常规分析和特殊分析方法，常规分析方法主要得到储层的孔隙度、渗透率、含油饱和度等资料[1-3]。早期的研究主要是对微观孔喉特征进行定性-半定量的描述[4-7]。

早在20世纪20年代，国外就开始了微观孔喉结构的研究工作[8-10]。1921年，Washb率先对孔隙结构开展了半定量化的研究工作，通过使用压汞实验技术得到了孔喉大小、连通性等特征参数[11]。

20世纪30～60年代，国内外对于储层微观特征的研究从未停止过，各种新技术都相继应用到储层微观特征的表征上，一些理论逐渐成熟并应用到了油田开发生产当中，取得了显著效果[12-14]。

20世纪70年代，由于油田精细开发的需要，我国在微观孔喉领域也开始了大量的研究工作[15-17]。

20世纪80年代，我国部分学者进行了相关理论与方法的整合工作。1998年，刘林玉等研究了碎屑岩储集层溶蚀型次生孔隙发育的影响因素[18]；贺承祖和华明琪应用分形几何方法对储层孔隙结构进行了描述[19]。

2001年，罗孝俊、杨卫东等研究了pH对长石溶解度及次生孔隙发育的影响，同时开展了有机酸对长石溶解度影响的热力学研究[20-21]。

2003年，部分学者在研究微观孔隙结构时分别使用了铸体薄片技术和扫描电镜分析技术，并开展了图像孔隙和粒度分析研究，这在表征储层微观特征方面是一项重要进步[22-24]。

2006年，孙卫等应用X-CT扫描成像技术在西峰油田庄19井区开展了长8特低渗透储层微观孔隙结构及渗流机理研究[25-27]；万文胜等研究了用毛细管压力曲线方法确定储集层孔隙喉道半径下限[28]。

后期的研究工作主要是开展多学科定量标定，对储层微观特征进行综合分类评价[29-32]。王金勋等[33]，沈平平[34]分别采用恒速压汞实验研究了微观孔隙结构；王为民等人分别利用核磁共振等高新技术开展了微观孔隙结构研究[35]。除此之外，与储层微观孔隙结构相关的各种理论也在不断发展[36-39]，主要表现在孔隙结构模拟方面，李存贵等在研究微观孔隙结构时分别采用了分形模型或网络模型[40]。今后，国内外储层微观孔隙结构特征的研究方向是逐步从定性、半定量走向定量化方向发展，建立更加精细的孔隙结构模型[41-45]。

1.2.2 储层裂缝特征研究进展

早在20世纪20年代，国外学者就开始对岩石中的天然裂缝开展研究工作[46-48]。

首先是关于“裂缝”的定义。最早是 Dennis 等人从形态、规模和特征三方面对裂缝进行了定义，采用的是描述性方法，该方法随意性较大[49,50]。我国的学者从狭义和广义两方面对天然裂缝进行了定义，狭义的裂缝是指岩石中存在的节理面，广义的裂缝是指由于岩石破裂所产生的使岩石失去结合力的一种地质界面，断层也被视为裂缝的一种[51-53]。

其次是关于天然裂缝的成因和分类。有些学者从地质成因的角度将天然裂缝分为构造裂缝和区域裂缝，这种分类方法强调了裂缝形成与构造的关系，虽然重视了裂缝形成的地质力学作用但分类太过单一[54]。曾联波教授认真总结了国内外各种裂缝的分类方法，在此基础上，从勘探开发角度对裂缝进行了细致的分类，该方法目前已得到广泛应用[55,56]。

最近几十年，国内外很多专家、学者先后对天然裂缝的特征及各项参数开展了卓有成效的研究工作。近年来，随着成像测井技术的不断发展和完善，其在裂缝识别上的优势也越来越明显[57]。国外许多专家学者都在应用成像测井技术对裂缝进行检测，并取得了重大进展，研究成果表明：成像测井技术的优点是能够准确识别井筒附近的裂缝，缺点是无法准确预测裂缝的分布规律[58]。

1.2.3 非达西渗流研究进展

20 世纪 90 年代以来，随着勘探开发技术的不断发展，我国发现了大量低渗透油藏，这些低渗透油藏分布广泛，主要埋藏在中深层，其中尤以特低渗及超低渗油藏占比较大[59-63]。此类低渗透油田普遍具有非均质性强和孔渗性能差的特点，因此在开发过程中会遇到许多与常规储层不同的现象与问题，此外大量的室内实验研究结果也证明了低渗透储层与常规储层相比具有截然不同的渗流规律[64]。原油、天然气以及地层水在此类低渗透储层中的渗流规律不能满足经典的达西定律以及相应运动微分方程的适用条件[65,66]。高效开发低渗透油气藏，首先必须要认识低渗透储层渗流的特殊性。

1. 低渗透介质中非达西渗流是否存在

Hansbo[67]、Mitchell[68]和 Miller[69]在研究中都发现了低渗透介质中流体的流动出现非达西流动现象，诸如随着流体压力梯度的变化，流体流速发生明显的变化，此外其研究还发现：低渗透介质中存在一个特定的压力值，只有当其中的流体压力超过这个值，流体才能开始流动，这就是“启动压力梯度”。

我国学者对这个问题的研究可追溯到“八五”科技攻关项目[70]，其所做的成果也发现了低渗透多孔介质中的流体渗流速度与压力梯度之间的关系表现出非达西渗流特征。随后，闫庆来等[71]在室内进行了大量的低速流动实验，也观察到了流体在低渗透岩心内渗流时的流速与压力梯度的关系曲线存在非线性段和启动压力梯度。此外，陈永敏等[72]开展了大量的实验研究，也得出了相同的结论，且渗透率越小，非线性特征越明显。

但是，部分学者质疑低渗非达西渗流现象，他们认为发生这一现象很可能是由实验误差造成的。这些学者的研究认为：一些精心设计的低速流动试验观察到的现象仍符合达西流定义；但是，非达西渗流的支持者还是发现一些非达西渗流的现象，他们一致认为黏土中的渗流是低渗非达西渗流，而且可以测得启动压力梯度值[73-74]。

2. 低渗透介质非达西渗流的成因

国外专家学者开展了大量的理论和实验研究工作，探讨非达西渗流为什么会发生在低渗透介质中，总结出以下七个方面原因：①储层致密，主要表现为孔喉狭窄、连通性差、渗透性差、非均质性强；②低渗透储层中介质与流体之间存在着如吸附、水化膜、边界层等界面作用；③随着储层中油气资源不断被开采，储层中起支撑作用的流体数量逐渐减少，导致其中的岩石骨架和孔隙发生变形，局部发生塑性变形，储层孔、渗性急剧下降，无法恢复；④致密储层比表面积作用大，主要表现为致密储层中黏土矿物含量较多，黏土吸水之后体积会急剧增大，导致孔隙体积减小，渗流阻力增大；⑤致密储层中流体低速渗流时会与岩石发生物理化学反应，多数情况下导致储层孔隙度变得更小，渗透率更低；⑥低渗透储层中注入流体自身的流变性质(如黏度很大或者流度很低)导致的；⑦多场耦合作用在致密储层中会引起非达西渗流。综上所述，达西定律是用来描述低渗介质水力梯度下渗流现象的一种规律。除此之外，化学梯度、电势梯度和温度梯度都能在低渗介质中引起渗流。

3. 低渗非达西渗流的判据

大量的研究结果表明，低渗透介质中的流体渗流究竟是符合达西渗流规律还是非达西渗流规律受到多种因素影响，目前众说纷纭，尚未达成一种公认的非达西渗流判别依据，下面给出了一些学者的相关研究。

有学者依据临界雷诺数建立非达西渗流的判据，主要是考虑到雷诺数能够综合体现储层孔渗特性和流体物性(流体密度、黏度)对渗流的影响。刘建军等[75]、李中锋等[76]、王道成等[77]等都开展了大量的室内研究实验，分别得到了非达西渗流、线性渗流向非线性渗流转变、束缚水饱和度下油驱渗流等多种条件下的临界雷诺数数值。阮敏和何秋轩[78]在大量实验研究的基础上，提出了临界参数判别的新方法，并给出了流体黏度与储层渗透率之间的临界曲线方程。

4. 液体非达西渗流

对于气体渗流，基于 Knudsen 数和 Maxwell 边界滑移条件，前人研究并提出几种气体视渗透率模型[79-80]。Knudsen 数主要与气体分子平均自由行程与孔径的比值有关，Maxwell 边界滑移条件壁面的滑移速度与 Knudsen 层内速度分布及温度分布有关。但是 Knudsen 数在考虑液体流动时就失去了作用，所以在纳米孔隙中液体流动不能采用气体流动的一套理论来研究。随后一些学者采用碳纳米管进行了水的非达西流研究，Cao 等[81,82]采用原子力显微镜(atomic force microscope，AFM)方法测量了页岩壁面盐水的滑移长度。但是他们研究给出的滑移长度在几百纳米范围内具有非常大的不确定性。根据众多岩心驱替实验研究知道液体渗透率测量值比 Civan[83]校正气体渗透率值小，那么是否能采用滑脱长度来计算实际储层流体的流动规律就存在疑问。此外，在 Javadpour[84]的研究中观察的抛光的页岩表面的流动现象并不能代表真实页岩孔隙中的情况，因为抛光的页岩存在光滑的表面导致液体滑移。

5. 低速非达西渗流模型

首先，低渗透储层黏滞阻力对于其中流体渗流压力的损失只起到一部分作用，此外，低渗介质中的流体流动的有效过水断面并不恒定，不服从达西定律，被称为“低速非达西渗流”。几十年来众多学者的研究给出了不同的低速非达西渗流的模型与运动方程[85-88]。下面列出六种有代表性的模型。

模型一：程时清等[89-91]给出的模型存在拟启动压力梯度，但为线性段，如式(1-1)：

$$v=\begin{cases}\dfrac{k}{\mu}(J-J_0) & J>J_0\\ 0 & J<J_0\end{cases} \tag{1-1}$$

式中，v 表示渗流速度；J_0 表示拟启动压力梯度，数值上等于低速非达西渗流线性段与压力梯度轴的交点值，μ 是流体黏度。

模型二：Halex 对启动压力梯度 J_0 的表达式修正如式(1-2)：

$$v=K_{\mathrm{n}}(J-J_0)^2 \tag{1-2}$$

式中，K_{n} 为低于达西定律下限时介质的渗透系数；J_0 为启动压力梯度值。

模型三：宋付权给出了另一种修正的三参数模型如式(1-3)：

$$J=\left[a_1+\frac{a_2}{1+a_3 v}\right]v \tag{1-3}$$

式中，a_1、a_2、a_3 为低速非线性渗流三参数。

模型四：阮敏等[92,93]给出的低渗流体运动方程采用分段函数表示如式(1-4)：

$$v=\begin{cases}a_1J^n & J<J_c\\ a_2(J-J_0) & J>J_c\end{cases} \tag{1-4}$$

式中，a_1、a_2和 n 是与储层性质和流体的性质有关；J_0 表示拟启动压力梯度；J_c 表示临界启动压力梯度值。

模型五：姚约东和葛家理[94]用同一个公式来表达流体在多孔介质渗流的三个阶段，如式(1-5)所示：

$$J=cv^n \tag{1-5}$$

式中，$n=f(Re)$，渗流指数，为流态的函数，数值为 0～2；c 为常数，与渗流指数有关，为流体及岩石性质的函数。当 $n=0$ 时，认为流体流速是超低速；当 $n=1/3$ 时，流体流速为低速；当 $n=1$ 时，流体流速进入线性段，即为达西流。

模型六：经过吴景春等[95]的总结研究，发现前人研究提出的所有低渗非达西渗流曲线模型都可由三种基本曲线组合而成，如式(1-6)所示：

$$v=\begin{cases}aJ^b & (J<J_c,a>0,b>1) & \text{上翘型}\\ aJ^b & (J<J_c,a>0,0<b<1) & \text{下弯型}\\ \dfrac{k}{\mu}(J-J_0) & (J>J_c) & \text{变性达西型}\end{cases} \tag{1-6}$$

式中，k 为渗透率；μ 为流体黏度；J 为压力梯度；a，b 都是常数，与岩石性质和流体性质有关；J_0表示拟启动压力梯度值；J_c表示临界启动压力梯度值。

1.2.4 启动压力梯度研究进展

在多孔介质中，流体的流动一般符合达西定律，这是油藏工程相关计算的重要依据。但是低渗透储层中的流体渗流速度很低，表现为非达西渗流，此时的渗流特征为：存在一个特定的启动压力梯度值，只有当其中流体压力梯度超过这个值时，流体才能开始流动。

1924 年，苏联的学者首先研究发现了启动压力梯度的存在，指出多孔介质中的流体在一定条件下只有其压力梯度超过某个特定值才发生渗流。1951 年，马尔哈辛在研究中也发现，当压力梯度很小时，岩石颗粒孔隙中的束缚水不发生流动，而且它还成为相邻的较大孔隙中自由水的流动阻力，当压力梯度超过某一特定值后，束缚水才开始流动[96]。1980 年，Pascal 等[97]在岩土工程固结问题的求解过程中充分考虑到了启动压力梯度，他们当时应用了有限差分方法。1982 年，我国学者刘慈群[98]也对 Pascal 等研究的课题开展了相关的研究，他应用了平均值方法，所求的结果与 Pascal 等的研究结果的符合度大于 90%，这是我国对于启动压力梯度相关问题的最早研究。

库萨柯夫、列尔托夫等开展了大量不同的实验研究，研究结果都表明：对于某些原油(其中含有表面活性剂)，当其通过细砂层时，砂层渗透率迅速下降，渗流速度与压差急剧增长，且不成比例关系。当流体压力梯度小于启动压力梯度时，流体不流动。对应的运动方程为

$$\begin{cases} v = -0.1033\dfrac{k}{\mu}\mathrm{grad}P\left(1-\dfrac{\lambda_\mathrm{B}}{|\mathrm{grad}P|}\right) & \text{当}|\mathrm{grad}P| \geqslant \lambda_\mathrm{B}\text{时} \\ v = 0 & \text{当}|\mathrm{grad}P| < \lambda_\mathrm{B}\text{时} \end{cases} \tag{1-7}$$

式中，v 表示渗流速度，单位为 cm/s；P 表示压力，单位为 MPa；grad$P$ 表示压力梯度，单位为 MPa/ cm；λ_B 表示启动压力梯度，单位为 MPa/ cm；k 表示渗透率，单位为 μm^2；μ 表示黏度，单位为 mPa·s。

Bear 等[99]在实验研究中也发现，流体通过以细粒为主的黏土介质时，只有当水压梯度的绝对值大于某一水压梯度值时，流体才发生流动，达西定律可变换为

$$\begin{cases} q = k_0(J - J_0) & J \geqslant J_0 \\ q = 0 & J < J_0 \end{cases} \tag{1-8}$$

式中，J 表示水压梯度；J_0 表示启动水压梯度；k_0 表示比例系数；q 表示单位截面积上的流量值。

西安石油大学闫庆来等[71,100]开展了不同渗透率下天然岩心的地层水流动实验，岩心渗透率分别为 29.08mD、0.614mD、0.244mD。实验结果显示，对于渗透率较高的 29.08mD 的岩心，水的渗流过程没有测出启动压力梯度值；而对于渗透率很低的 0.244mD 的岩心，水的渗流测出了很明显的启动压力梯度值。

闫庆来等[71,100]在低渗透储层单相渗流及油水两相渗流实验研究的基础上，提出流体渗流特征与渗流速度有很大关系，当流体渗流速度较低时表现出非达西渗流特征，储层的渗透率越低，流体的启动压力梯度越大；当流体渗流速度较大时，表现出拟线性渗流，此渗流过程也有启动压力梯度值。实验结果还表明，储层渗透率对油水两相渗流规律的影响也很大，低渗透储层与高渗透储层的流体渗流有很大差异。

1999 年，大庆石油学院贾振岐等[101]选择大庆油田的低渗透储层作为研究对象，开展了相关的流体渗流实验研究，渗流介质选用的是研究区天然岩心和实验室人造岩心，流体选用的是低浓度盐水与研究区的模拟原油。实验结果表明：渗流速度较低时，流体渗流曲线表现出非线性特征，渗流曲线可能凹向、凸向或者接近流速轴直线。国内很多学者研究结果均表明低渗透储层中的流体渗流表现出如图 1-1 所示的渗流曲线特征。

存在一个临界启动压力梯度 a，当压力梯度小于 a 时，流体不流动；当压力梯度大于 a 时，流体开始流动；当压力梯度继续增加至启动压力 b 时，流体流动表现出达西渗流特征。

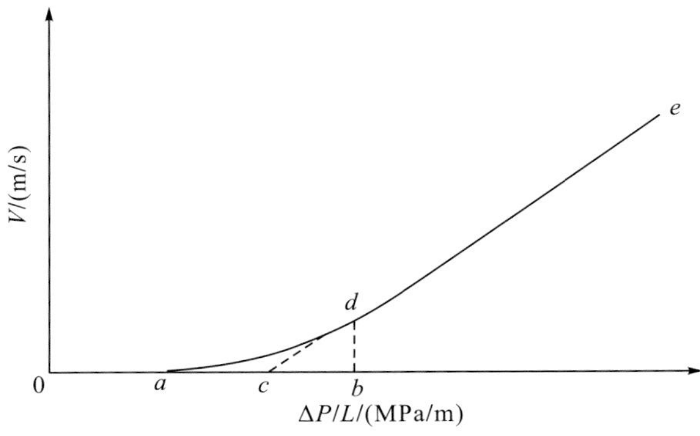

图 1-1 低渗透油藏非达西渗流曲线

Miller 和 Low[102]最早开始研究低渗泥页岩系统中的非达西流现象，他们认为流体和岩石间的界面张力是产生启动压力梯度的原因。但是直到 20 世纪 90 年代低渗透储层投入开发时，这种现象才被广泛关注。Prada 和 Civan[103]采用盐水进行低速非达西流研究，发现启动压力梯度随着流体流动能力的降低而升高，认为岩石的渗透率越高，启动压力梯度越低，流体黏度越高，启动压力梯度越高。据此估算的启动压力梯度值太大而不能应用于描述实际储层流体的流动。其他学者的启动压力梯度修正理论也是基于相似的实验研究，存在相似的问题[104,105]。随着更高精度仪器的研发，可以测量更低的压力梯度和更低的流速。当前的主流研究认为非线性流是致密储层和非常规储层的主要流动机制，也就是说非线性流现象需要深入研究。因此，国内外仍然有众多学者致力于启动压力梯度和低速非达西渗流的研究，理论和应用研究上的争议仍然非常大。不同的实验结论和新的修正理论不断被报道。

1.2.5 应力敏感性研究进展

储层的物性特征参数是早期研究储层应力敏感性的主要内容，包括地层压力变化过程中储层孔隙度、渗透率等随之变化的规律。David 等[106]开展了地层压力与储层渗透率的关系试验，结果显示：当地层压缩压力不断增大时，储层渗透率平均下降了 30%，下降得非常明显。Fatt 等[107,108]开展了砂岩岩心应力敏感性实验，实验结果显示：与未加压时相比，加压 34MPa，岩心孔隙度下降了 5%，渗透率下降了 25%。并以此实验结果为依据认为，在矿场实验分析过程中，孔隙度的变化可忽略不计，但渗透率的变化不能忽略。Mclatchie[109]研究了纯砂岩和泥质砂岩的应力敏感性问题。主要研究两种岩样在加压和不加压条件下，砂岩储层渗透率的比值随压力的变化曲线。研究结果表明：储层中的岩石变形既有弹性变形，也有塑性变形，其中纯砂岩有 4%左右的原始渗透率无法恢复，而泥质砂岩有 60%左右的原始渗透率无法恢复。

Terzaghi[110]在大量实验研究的基础上提出了有效应力理论，该理论是解决多重介质岩石变形问题的基础。主要内容为岩石的变形主要是由总应力与孔隙流体压力之差所决定的，与岩石单独所受的总应力关系不大。

1964 年，苏联学者开展了天然裂缝砂岩、石灰岩裂缝的有效流动宽度随应力变化的实验，结果表明 13 个裂缝样品在实验过程中施加的压力先升高后下降，样品渗透率不能完全恢复[111]。

1975 年，Finol[112]建立了液体渗流和开发动态的渗流模型，它是一个三维二相渗流模型，充分考虑了压实作用对储层流体渗流的影响，主要采用有限差分方法求解。该模型还考虑到了储层孔隙度、渗透率等物性参数受到岩石压实作用发生变化对最终采收率的影响。

苏联石油科技工作者对线弹性岩石渗流理论进一步完善和提高，在此基础上发展了弹塑性介质和塑性介质两种介质的岩石渗流数学模型。但其缺点是模型中修正的参数较少，只修正了孔隙度和渗透率两个因素对压差的变化，而且没有说明以孔隙度、渗透率两个因素随压差的变化为指数式假设的依据。

1982 年，葛家理[113]将 20 世纪 80 年代以前关于应力敏感性的相关成果进行了系统的归纳和总结，假定在均质储层中岩石受到应力作用发生弹性变形，其中储层孔隙度、渗透率参数随孔隙压力升高呈指数关系下降，建立了关于变形介质的渗流模型，通过线性变换方法可以求得解析，但该项成果没有得到应用。

1995 年，塔里木油田开展了上覆压力对储层物性参数影响的相关实验，得到了石炭系储层物性参数孔隙度、渗透率与上覆压力之间的相关性[114]，对于合理开发石炭系储层具有重要的指导意义。

此外，李闽、肖文联等[115-119]在研究低渗致密油气藏应力敏感性时，发现这些沟通岩石孔隙的微裂缝在石油与天然气的开采过程中会开启或闭合，导致岩石物性(如渗透率)的变化规律不再遵循线性有效应力方程，而符合非线性有效应力方程。不仅发现了此类储层的有效应力具有非线性的特点，而且实现了用非线性有效应力方程描述低渗致密砂岩，论证了具有实际应用意义的非线性有效应力。

1.2.6　裂缝性油藏渗流理论研究进展

早在 20 世纪初，已有部分学者对裂缝性油藏开发过程中的流体流动过程开展了研究工作。但是，由于裂缝性油藏的地质特征非常复杂，研究进度比较缓慢，很晚才形成相关的渗流理论。1960 年，苏联的 Barenblatt 等[120]最早提出“双重介质”的概念，并建立了双孔双渗数学模型，该模型可准确描述裂缝性储层流体的流动状况。1963 年，Warren 和 Root[121]建立了双孔单渗数学模型，该模型是以双孔双渗模型为基础，对裂缝性储层的几何特性及渗流特性进行重新认识和界定而建立的。在此基础上，又有很多学者发展了裂缝性油藏渗流模型，这些渗流模型按渗流介质不同主要分成两类：一是双重或者多重介质类，二是非双重介质类。

Bai 和 Roegiers[122]于 1993 年建立了流动模型，认为多孔多渗模型的特例包括单孔单渗、双孔双渗、双孔三渗以及三孔三渗模型，其过程是在裂缝性孔隙介质中采用一种多孔多渗的方法。Bear 等[123]同年指出，多个级别的裂缝系统可由不同地质环境和构造作用产生，可以用单独的连续介质对待每一个级别的裂缝系统。

在裂缝流动模型中，离散介质模型要求的在现场操作中对天然裂缝系统的复杂几何特征进行准确描述是非常困难的，即使裂缝的准确描述得以实现，对于油藏来说，若含裂缝数目较多，需要有很大的工作量和成本来建立离散的真实裂缝系统。等效连续介质模型在描述流体在时间和空间上的分布时误差较大，即使各裂缝的水力特性和确切位置不必知道，但确定裂缝油藏岩石等效渗透张量较为困难，且不一定能确保模型的有效性，特别是在裂缝间距较大的前提下。在双重介质模型中，即使限定了裂缝的空间位置，仍对裂缝和基质两种系统之间的流体交换物理过程进行了考虑。现在，Warren-Root 模型被大部分商业软件采用，基于 Warren-Root 模型与 Barenblatt 模型的双重介质模型是裂缝性油藏渗流概念模型中应用较普遍且发展较多的。

1.2.7　提高采收率技术研究进展

目前，国内外关于低渗透油田提高采收率的技术很多，主要包括储层改造技术和化学驱油技术，储层改造技术又包括酸化、压裂等技术，化学驱油技术包括复合驱油技术、调剖堵水技术等，本小节针对延长油田的储层特点，筛选出了微生物驱、泡沫驱两项技术，如表 1-1 所示，主要综述了生物酶驱油和泡沫驱技术的研究进展。

表 1-1　低渗透油藏提高采收率技术筛选表

提高采收率方法	长 2			长 4+5	长 6
	一类	二类	三类		
超前注水	适用	适用	适用	适用	适用
周期注水	适用	适用	适用	适用	适用
聚合物驱	可适用	不适用	不适用	不适用	不适用
表面活性剂驱	适用	适用	适用	适用	适用
气驱	不适用	适用	适用	适用	适用
生物酶驱油	适用	不适用	不适用	不适用	不适用
振动驱油	适用	适用	适用	适用	适用
CO_2 泡沫驱	适用	适用	适用	适用	适用

1. 生物酶驱油技术研究现状

生物酶驱油技术的作用机理，一是筛选的石油微生物和生物酶在油层环境中能够生长和代谢，生长聚集部位具有一定的堵水调剖作用，代谢产物中有表面活性剂成分，具有改变储层岩石润湿性、降低原油与岩石界面张力的作用，以及较好的洗油效果[124-126]；二是微生物及其代谢产物能够洗掉岩石表面油膜并将其乳化，改善原油的流动性；三是生物酶及微生物代谢的作用能够产生一定量的生物气，具有一定的气驱效果[127]。

近几十年来，生物酶技术在石油和化工行业逐渐兴起并得到广泛应用。

在国外，印度石油公司在德赫拉顿油田的一口油井应用生物酶解堵技术，清理蜡质、沥青质等堵塞物，使该井原油产量由处理前的 2 桶/天提高到 648 桶/天；印度尼西亚国家石油公司在萨姆达坎油田 P-567 井应用生物酶解堵技术清理射孔孔眼和地层孔隙的蜡质、沥青质等沉淀堵塞物，将该井产量从处理前的 30 桶/天增加至 625 桶/天。此外，美国、俄罗斯、加拿大等国都开展了生物酶技术的研究和应用，并取得了一定的成果[128]。

我国在生物酶技术的研究和应用方面也取得了较好的成果。1997 年，学者张继芬在其著作《提高石油采收率基础》中提到生物酶驱油技术在提高原油采收率方面的应用[129]；2002 年，王庆等[130]将生物酶技术应用到出砂稠油井的解堵中，取得了较好的效果；2005 年，孔金等[131]将生物酶解堵剂成功应用到胜利海上油田，为生物的应用提供了更加广阔的前景。此外，我国的辽河油田、延长油田等都在生物酶提高原油采收率方面进行了大量的研究和矿场试验，取得了较好的成效[132,133]。

杨德华[134]认为生物酶增产系列技术对于低渗、低压、低产，原油含蜡量高，黏度高、凝固点高，裂缝发育程度低，油水井间无法建立起有效的驱动体系，生物酶对开发效果差的敏感油藏具有良好的发展前景，同时，生物酶是解决环境问题的最佳手段之一。柯岩等[135]优选的生物酶注入地下油层后，经过一定时间就地繁殖会产生酸、气等一系列代谢产物，使地层和油藏原油的性质发生变化，采收率提高。低渗油田(北三台油田等)一般具有高盐、高矿化度等特性，开展的油藏适应性实验表明，生物酶能够在较苛刻的条件下正常代谢生长。通过生物酶岩心驱油对比实验发现，生物酶能有效提高油田采收率，在现场的油井、水井上分别进行的生物酶驱油试验取得了较好的增油效果。

以上生物酶增产国内外研究现状表明该技术对低渗油藏提高采收率具有较好的应用前景。

2. 泡沫驱技术研究及应用进展

20 世纪 50 年代，人们开始研究泡沫驱技术。Friedmann 等[136]就泡沫提高采收率和驱油效率等方面进行了研究。结果表明，泡沫显著降低了气体的相对渗透率并对气体的快速指进具有很大抑制作用。20 世纪 70 年代，在美国伊利诺伊州西金斯油田、我国新疆克拉玛依油田和大庆油田相继开展了相关试验，效果均非常理想。采用泡沫驱技术来提高采收率，由于泡沫在多孔介质中流动时阻尼系数比较大，有利于流度控制和扩大扫油体积。此外，高质量的泡沫大大降低了油/水界面张力，洗油能力提高，可以控制更大的区域，节约了化学剂用量。

张彦庆等[137]利用美国 TEEMCO 公司生产的多功能驱替设备进行大量相关试验来研究泡沫复合驱的段塞大小、注入方式以及注入顺序等对驱油效率的影响。实验中发现气液交替注入有利于提高驱油效率。他还采用正交实验法对比前后段塞种类对驱油效率的影响，并对段塞的大小进行优化。结果表明：主段塞的作用最大，其大小一般在 0.6～0.7PV；采用泡沫复合驱油技术可以显著提高采收率幅度(约 16.3%～33.2%)，而最佳的气液比为 4∶1 左右。

刘中春等[138]采用图像成像技术对泡沫复合驱的微观驱油特性进行分析处理，发现多元泡沫复合驱油过程中有三个不同条带出现。由于泡沫优异的选择性堵塞作用，驱出的油相和乳化油滴能够沿着泡沫之间的液膜前移，这对开发非均质性油藏十分有利。

伍晓林等[139]结合泡沫综合指数和三元复合体系界面张力两种分析方法，研究了适合大庆油田地层的泡沫复合体系并获得良好的效果。结果表明，与水驱相比，泡沫复合体系的驱油效率明显提高。

2013 年，赵人萱[140]研究自生 CO_2 泡沫驱和自生 CO_2 泡沫聚合物复合驱，认为自生 CO_2 泡沫体系驱油只要考虑生气剂质量浓度、段塞大小、表面活性剂质量浓度，发现生气剂质量浓度和段塞大小对开采效果影响相差不大，生气剂质量浓度和段塞越大，开采效果越好。

2015 年，周国华等[141]研究了 CO_2 气体介质对泡沫稳定性的影响，认为 CO_2 泡沫的消泡过程以泡沫聚并为主，气泡数目骤减，发现 CO_2 泡沫液膜的透气性远远高于空气液膜的透气性，CO_2 泡沫稳定性比空气差。2015 年，刘祖鹏等[142]研究了低渗透裂缝性油藏 CO_2 泡沫的封堵能力以及 CO_2 泡沫驱油的效果，发现 CO_2 泡沫能增加流体在裂缝中的流动阻力，有效降低驱替液流度；泡沫在裂缝中存在启动压力。2016 年，杜东兴等[143]发现 CO_2 泡沫液在平均粒径较小的多孔介质内具有较大渗流压差及较小的水饱和度入口效应；当活化剂浓度高于临界胶束浓度时，产生的泡沫较稳定。2016 年，李岩松等[144]研究认为泡沫渗流阻力因子随注入速度和渗透率的增大而增大，随气液比的增大而先增大后降低；气液比为 1∶1 时，泡沫封堵性能最好。2017 年，张营华[145]针对胜利油田低渗透油藏(27mD)研发了耐温 125℃，抗盐 10×10^4mg/L 的 CO_2 泡沫剂 N-NP-15c-H。低渗透孔隙介质中形成有效封堵，阻力因子 14。

第 2 章　低渗透储层裂缝特征综合研究

储层中的孔隙和裂缝是流体的储集空间及渗流通道，其物性特征对于流体在储层中的分布和产出有较大影响。本书从渗流通道不同尺度出发，由点到面逐级深入，采用铸体薄片分析、压汞分析、恒速压汞、CT 扫描、古地磁定位、微地震监测以及水驱前缘监测等多种研究手段，综合开展了延长组低渗透储层裂缝特征研究，提供了一套针对延长组低渗透油藏裂缝特征的研究手段。

2.1　延长组油层物性特征研究

为准确掌握研究区延长组长 2_1^3 储层的物性特征，分别采用了岩心分析和测井解释两种方法研究储层孔隙度和渗透率。岩心分析研究中，取研究区及邻区 10 口井 60 块样品岩心进行分析；测井解释分析研究中，分析了研究区 180 口油水井的测井解释资料。两种方法所得孔渗分布直方图如图 2-1 和图 2-2 所示，储层物性数据如表 2-1 所示。

由表 2-1 和图 2-1 岩心分析数据可知，研究区延长组长 2_1^3 储层孔隙度最大值为 21.37%，最小值为 3.10%，主要分布范围 12%～20%，平均值为 15.48%；渗透率最大值为 92.55mD，最小值为 0.24mD，主要分布范围 1～20mD，平均值为 9.72mD。

由表 2-1 和图 2-2 测井综合解释数据可见，研究区长 2_1^3 储层孔隙度最大值为 20.34%，最小值为 5.00%，主要分布范围 8%～16%，平均值为 13.60%；渗透率最大值为 53.67mD，最小值为 0.10mD，主要分布范围 1～20mD，平均值为 8.01mD。

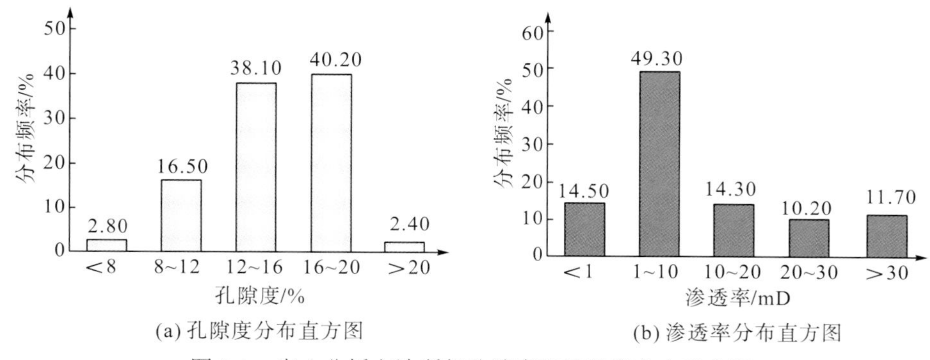

(a) 孔隙度分布直方图　(b) 渗透率分布直方图

图 2-1　岩心分析方法所得孔隙度和渗透率分布直方图

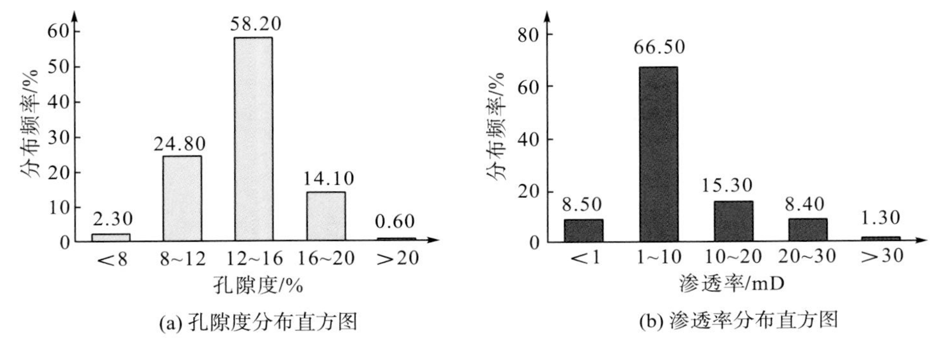

(a) 孔隙度分布直方图　(b) 渗透率分布直方图

图 2-2　测井解释方法所得孔隙度和渗透率分布直方图

表 2-1　研究区储层物性数据表

层位	孔隙度数值/%			渗透率数值/mD			备注
	最小值	最大值	平均值	最小值	最大值	平均值	
长 2_1^3	3.10	21.37	15.48	0.24	92.55	9.72	岩心分析（60 个）
	5.00	20.34	13.60	0.10	53.67	8.01	测井解释（168 口）

按照岩心分析方法和测井综合解释方法样品的数量，对孔隙度和渗透率数值进行加权平均，其中岩心分析数据占 25%，测井综合解释方法数据占 75%，可得长 2_1^3 储层孔隙度平均值为 14.07%，渗透率平均值为 8.44mD。依据储集层物性分级标准，研究区储层主要属于中孔特低渗储层。

2.2　延长组油层孔喉特征研究

在孔喉特征研究中，采用了铸体薄片、常规压汞、恒速压汞和 CT 扫描技术，对孔隙和喉道进行了系统的研究，系统全面地掌握孔喉特征。

2.2.1　常规分析方法

1. 铸体薄片分析

对研究区延长组油层 10 个样品进行铸体薄片分析，将所测得数据分析后绘制各类孔隙含量分布柱状图，如图 2-3 所示。所得铸体薄片孔隙特征参数如表 2-2 所示。

由图 2-3 可见，延长组油层其孔隙类型最多的是粒间孔，含量 7.81%，占总面孔率 70%以上，其中残余粒间孔在研究区储层中占主导地位，各目的层段均较发育，具有强烈的非均质性；其次为粒内孔，含量 2.00%，其中溶蚀粒内孔隙是研究区砂岩主要的孔隙类型之一，孔隙连通性好；第三为铸模孔，含量 0.86%，孔隙组合主要是溶蚀孔-粒间孔型。

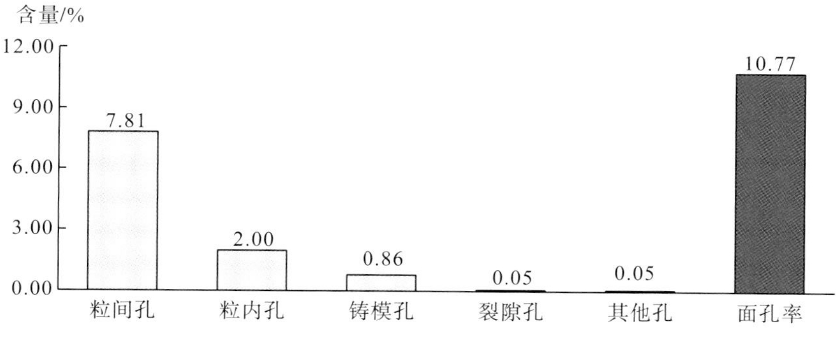

图 2-3　孔隙类型分布图

表 2-2　铸体薄片孔隙特征参数表

开发层位	类型	面孔率/%	平均形状因子/无量纲	标准偏差/%	均质系数	平均孔隙半径/μm
延长组油层	最大值	15.07	0.92	62.82	0.52	112.75
	最小值	6.17	0.85	14.89	0.44	34.44
	平均值	9.66	0.88	37.40	0.48	75.09

由表 2-2 可知，延长组油层总面孔率平均 9.66%；孔隙半径最大为 112.75μm，最小为 34.44μm，平均为 75.09μm；均质系数平均为 0.48；标准偏差平均为 37.40%，储层的非均质性较强。

2. 压汞分析

对研究区 10 个样品开展压汞分析，得到延长组油层孔隙结构参数如表 2-3 所示，孔喉大小分布如图 2-4 所示。

表 2-3　研究区延长组油层孔隙结构参数

层位	样品数	类型	渗透率/mD	孔隙度/%	排驱压力/MPa	中值压力/MPa	最大孔喉半径/μm	平均孔喉半径/μm	分选系数	歪度	半径均值/μm	结构系数	相对分选系数	均质系数	特征结构参数	退汞效率/%
长 2	10	最大	87.00	20.80	1.12	4.43	75.00	6.02	19.40	2.13	5.32	10.13	1.48	0.04	0.61	34.65
		最小	0.28	10.30	0.01	0.37	21.52	2.80	1.67	1.62	0.73	2.12	1.26	0.01	0.25	23.58
		平均	16.75	15.14	0.20	1.66	40.35	3.90	8.55	1.92	3.10	5.07	1.41	0.02	0.39	29.78

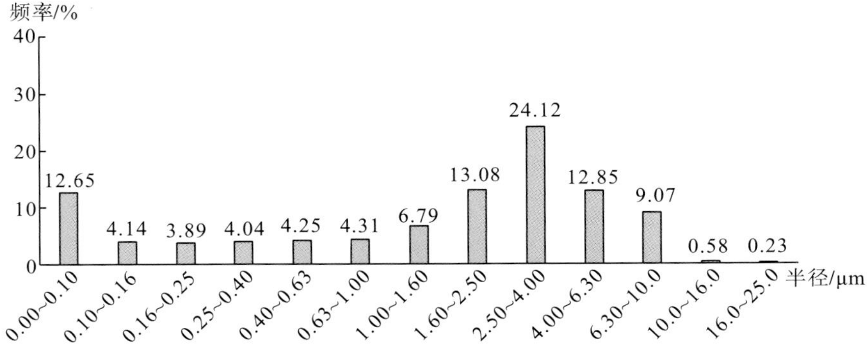

图 2-4　延长组油层压汞分析孔喉半径分布

由表 2-3 和图 2-4 可见，延长组油层排驱压力较低，最小值为 0.01MPa，最大值为 1.12MPa，平均值为 0.20MPa；中值压力主要分布为 0.37～4.43MPa，平均值为 1.66MPa；油层平均孔喉半径主要分布为 2.80～6.02μm，占样品总数的 50.05%，平均为 3.90μm；油层分选性极差，分选系数平均为 8.55。

3. 毛管压力分析

根据毛管压力的研究资料可分别得到渗透率与排驱压力、平均孔喉半径、退汞效率和分选系数关系，如图 2-5～图 2-8 所示。

由图 2-5 可见，研究区延长组油层渗透率与储层排驱压力呈负相关性，渗透率越大，排驱压力越小，相关系数为 0.6393。图 2-6 显示，延长组油层平均孔喉半径与油层渗透率相关性较好，相关系数 0.7007，为正相关性；随着平均孔喉半径的增大，油层渗透率也随着增大。由图 2-7 可知，延长组油层渗透率与退汞效率的相关性不大。图 2-8 表明，延长组油层渗透率与分选系数呈正相关，相关系数 0.5525，分选系数越大，渗透率也越大。

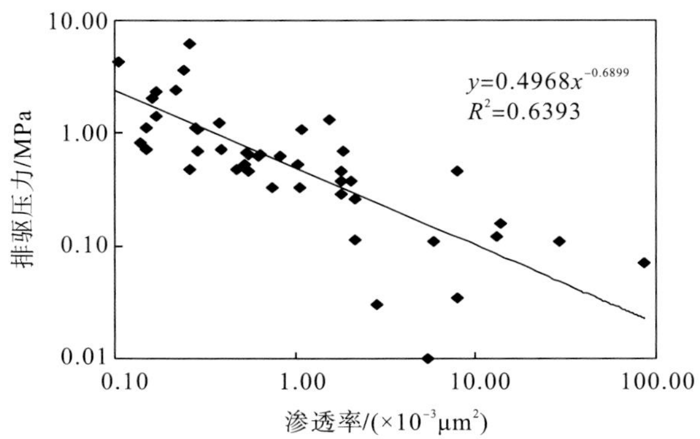

图 2-5　渗透率与排驱压力关系图

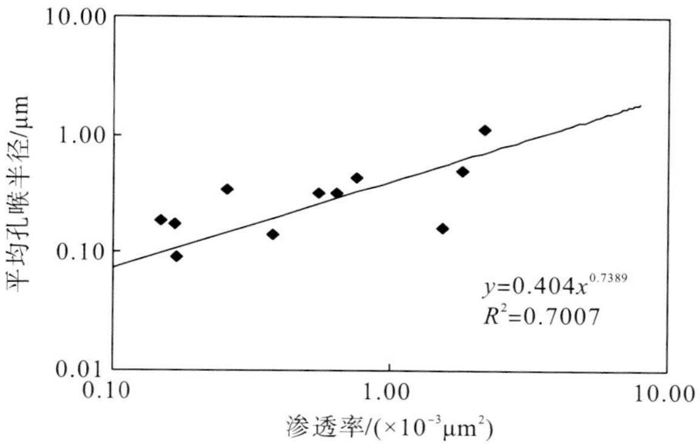

图 2-6　渗透率与平均孔喉半径关系图

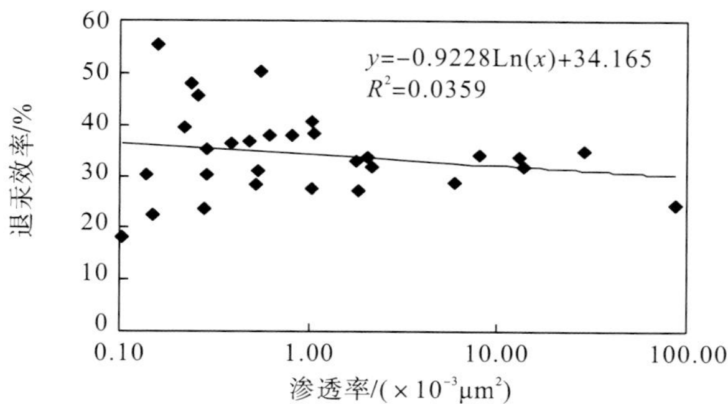

图 2-7　渗透率与退汞效率关系图

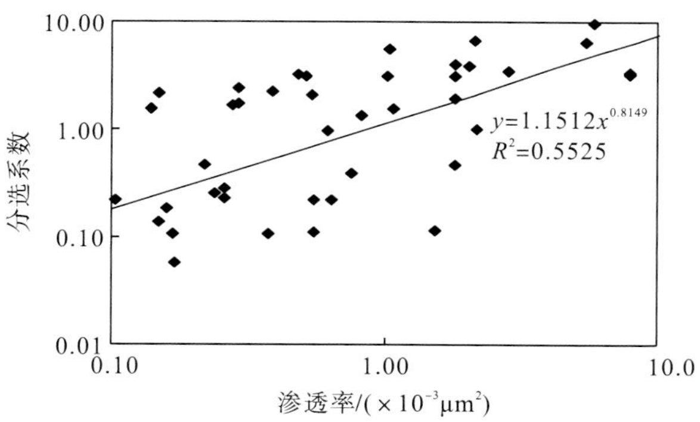

图 2-8　渗透率与分选系数关系图

2.2.2　岩心恒速压汞实验

1. 实验原理

恒速压汞实验是以恒定低速向岩样孔喉内注入汞，可近似保持准静态注入，此过程中，汞液突破喉道进入孔隙示意图如图 2-9 所示，进汞体积与压力变化的关系如图 2-10 所示。

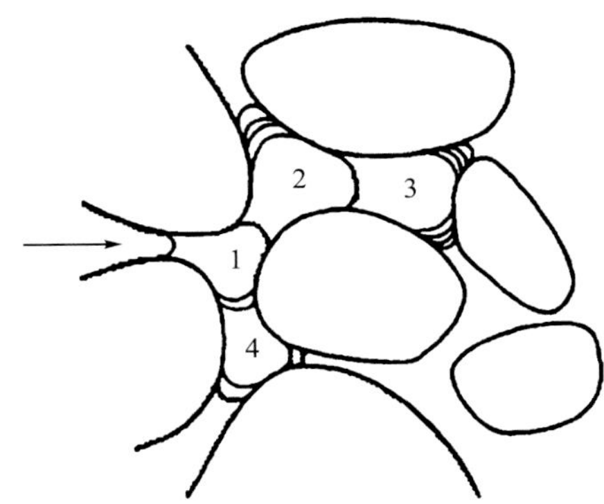

图 2-9　汞液突破喉道进入孔隙示意图

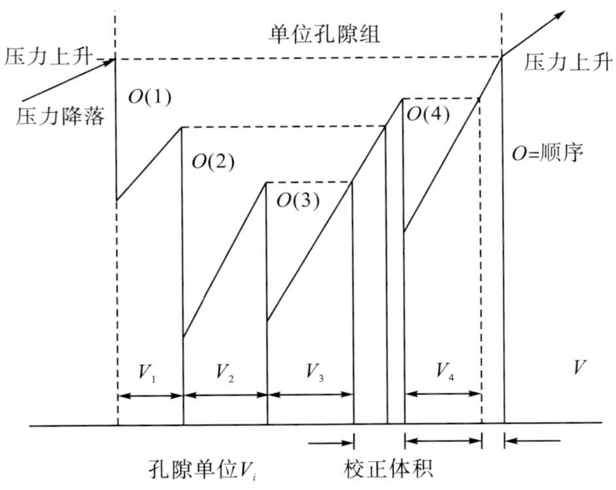

图 2-10　进汞体积与压力变化关系图

汞液在岩样孔喉内的流动过程较好地模拟了流体在储层中的渗流过程。根据岩样进汞的压力涨落可获取岩样孔、喉特征等信息。

由图 2-9 可见，汞液突破喉道进入孔隙的瞬时，将以极快的速度从小空间进入大空间，会出现一次压力陡降，之后填满整个孔隙过程中压力逐渐升高，随后进入下一喉道。

由图 2-9 和图 2-10 可见，随着进汞体积的变化，系统压力一直发生变化。随着汞液不断流入喉道 1，系统压力稳步升高达到阶段高值，当汞液从孔喉单元 1

的喉道突破流入孔隙时，系统压力急剧下降至阶段低值，如图 2-10 O(1)压降线，随着汞液不断流入并充满孔隙 1，压力逐渐上升。汞液接下来开始不断流入喉道 2，压力升高，当汞液从孔喉单元 2 的喉道突破流入孔隙时，压力再次急剧下降，如图 2-10 O(2)压降线。依此类推，汞液逐渐将所有可入喉道和孔隙填满。进汞过程中，根据突破点压力大小和进汞体积多少可以推测主喉道和孔隙大小。试验过程中的总进汞、孔隙进汞和喉道进汞饱和度参数可以分别显示岩心样品总孔喉、孔隙和喉道的发育程度。

2. 样品参数

选取 5 个不同渗透率的岩心样品进行恒速压汞测试，样品各项参数如表 2-4 所示。

表 2-4　恒速压汞实验岩心样品参数

序号	样号编号	孔隙度/%	渗透率/mD	岩样体积/cm^3	孔隙体积/cm^3	岩心密度/(g/cm^3)
1	x1059-10	14.57	48.65	1.86	0.27	2.64
2	p128-1	17.96	20.82	1.57	0.28	2.59
3	p130-1	13.93	12.35	1.98	0.28	2.70
4	p130-4	13.97	8.15	1.68	0.23	2.68
5	p128-7	12.58	4.36	1.69	0.21	2.65

由表 2-4 可见，选取的岩心样品的孔隙度分布范围为 13.93%～17.96%；渗透率的分布范围为 4.36～48.65mD，岩样体积大小的分布范围为 1.57～1.98cm^3。

3. 实验结果及分析

与常规压汞不同，恒速压汞实验能测得岩心样品喉道半径和孔隙半径等重要参数，将孔隙与喉道特征参数分开。除此以外，恒速压汞实验能分别求得孔隙与喉道进汞饱和度，下面从喉道特征、孔隙特征、喉道与孔隙相关性和毛管压力曲线特征四个方面逐项进行分析。

1)喉道特征分析

恒速压汞测到不同渗透率岩样喉道半径分布情况如图 2-11 所示，将岩样的喉道半径分布进行统计计算，结果如表 2-5 所示。

由图 2-11 可见，5 个岩样的喉道半径分布图均呈山峰状分布，峰值左侧陡峭，右侧平缓，表明喉道半径主要分布在数值较小的一侧。其中，x1059-10 岩样为双峰，其余 4 个岩样为单峰。渗透率最大的 x1059-10 岩样峰值出现在喉道半径为

2.6μm 和 6.2μm 处，对应的频率峰值分别为 6.5%和 4.6%；渗透率最小的 p128-7 岩样，峰值出现在喉道半径为 1.0μm 处，对应的频率峰值为 18.2%。岩样的喉道半径均值平均为 3.63μm。

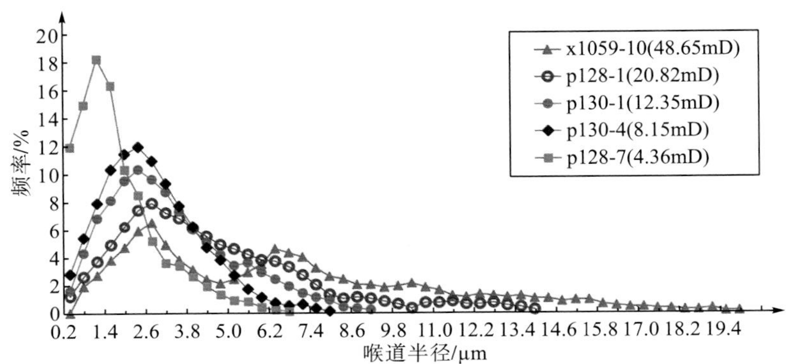

图 2-11　不同渗透率岩样的喉道半径分布图

表 2-5　岩心喉道半径分布情况

序号	样品号	渗透率/mD	0～5μm 频率/%	5.1～10μm 频率/%	10.1～15μm 频率/%	15.1～20μm 频率/%	喉道半径均值/μm
1	x1059-10	48.65	44.20	35.20	16.30	4.30	6.46
2	p128-1	20.82	69.00	25.50	5.50		4.35
3	p130-1	12.35	84.90	15.10			3.14
4	p130-4	8.15	95.00	5.00			2.60
5	p128-7	4.36	99.00	1.00			1.62
平均			78.42	16.36	4.36	0.86	3.63

由图 2-11 和表 2-5 可知，五个岩样喉道半径都在 0～5μm 范围内所占频率最高，平均为 78.42%，其次为 5.1～10μm 范围内，平均为 16.36%；随着渗透率的增加，分布图的峰值有向大喉道方向移动的趋势，喉道半径也有同样的趋势。

岩样的喉道半径均值与渗透率、孔隙度的相关关系如图 2-12 所示。

由图 2-12(a)可见，喉道半径与渗透率呈正相关性。喉道半径均值越大，即大喉道较多小喉道较少时，储层渗透率值也越大。由图 2-12(b)可见，喉道半径与孔隙度相关性较差，喉道半径增大，孔隙度有一定的大小波动，波动方向不明确。分析相关关系图，可以推断喉道是控制研究储层渗流能力的主要因素，不同渗透率的岩样分别由不同级别的喉道半径所控制。

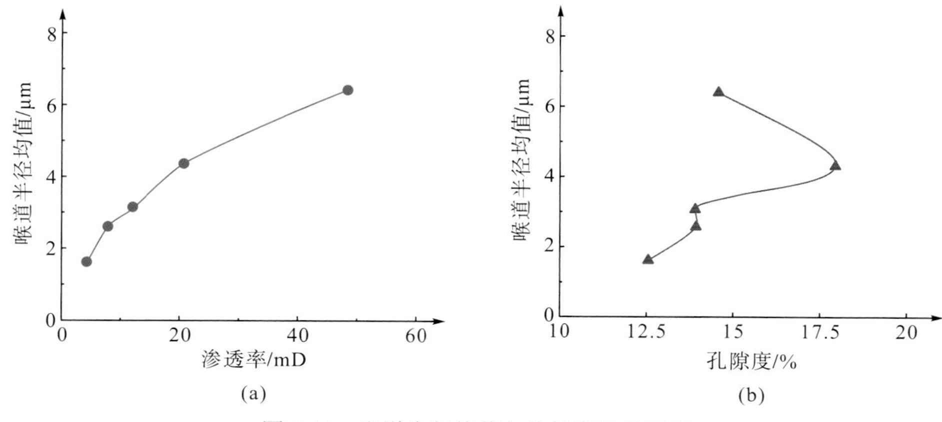

图 2-12 喉道半径均值与物性变化关系图

2) 孔隙特征分析

恒速压汞测得不同渗透率岩样孔隙半径分布情况如图 2-13 所示，将岩样的孔隙半径分布进行统计计算，结果如表 2-6 所示。

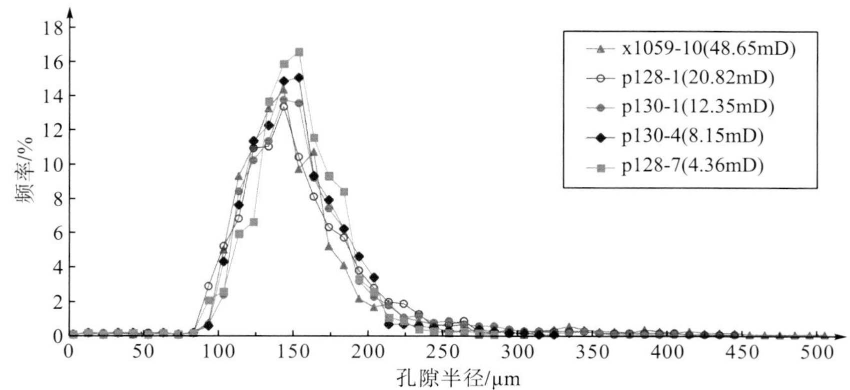

图 2-13 不同渗透率岩样的孔隙半径分布图

表 2-6 岩心孔隙半径分布情况

序号	样品号	渗透率/mD	0～100μm 频率/%	101～200μm 频率/%	201～300μm 频率/%	301～400μm 频率/%	401～500μm 频率/%	孔隙半径均值/μm
1	x1059-10	48.65	7.10	81.40	6.60	3.40	1.50	156.39
2	p128-1	20.82	5.50	83.10	8.60	2.40	0.40	155.26
3	p130-1	12.35	4.50	85.40	8.40	1.70		154.31
4	p130-4	8.15	6.30	89.30	4.20	0.20		148.08
5	p128-7	4.36	6.10	90.40	3.50	0.00		148.22
平均			5.90	85.92	6.26	1.54	0.38	152.45

从图 2-13 可知，5 块岩样的孔隙频率分布都呈单峰形状，且形状非常相似，峰值对应的孔隙半径都在 150μm 附近。其中，渗透率最大的 x1059-10 岩样，峰值出现在孔隙半径 140μm 处，频率峰值 14.3%，其孔隙半径均值 156.39μm；渗透率最小的 p128-7 岩样，峰值出现在孔隙半径 150μm 处，频率峰值 16.5%，其孔隙半径均值为 148.22μm。

由图 2-13，表 2-6 可见，5 块岩样的孔隙半径都集中分布在 101～200μm 范围内，平均频率 85.92%；半径分布在 0～100μm 和 201～300μm 两个范围内的孔隙所占比例非常接近，所占比例分别为 5.90%、6.26%。分布在其他范围的孔隙所占比例较小，平均占比不足 2.0%。

岩样的孔隙半径均值与渗透率、孔隙度关系如图 2-14 所示。由图 2-14 可见，在研究的几块岩样中，孔隙半径均值与孔隙度、渗透率相关性一般。不同孔隙度和不同渗透率的岩样，其孔隙半径均值都分布在一个相对狭小的范围内(147～157μm)，半径均值变化不大。但从图 2-14 中也能看出，孔隙度和渗透率非常好的储层，其孔隙半径均值也较大，且孔隙较发育。

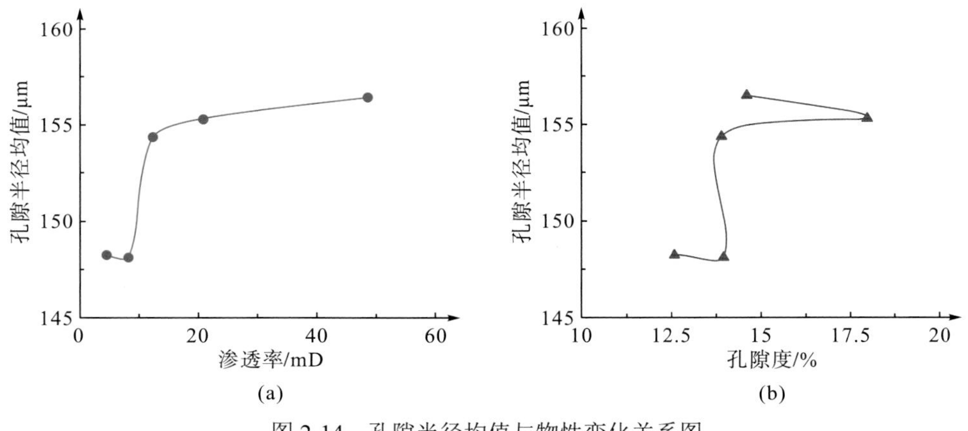

图 2-14　孔隙半径均值与物性变化关系图

3)喉道与孔隙相关性分析

恒速压汞测得孔喉半径比分布统计计算结果如表 2-7，分布情况如图 2-15 所示。

由图 2-15 和表 2-7 可见，5 个岩样的孔喉半径比频率分布都呈单峰特征，峰峰值对应的半径比都在 50 附近；5 块岩样的孔喉半径比都集中分布在 0～50 范围内，平均频率 43.86%；其次分布在 51～100 范围内，平均频率 34.32%；孔喉比主要集中在 40～85，表明储层渗流能力主要受主流喉道尺寸控制。孔喉半径比随着渗透率的增加而变小，其中，渗透率最大的 x1059-10 岩样，频率峰值出现在半径比 30 处，孔喉半径比均值 49.73；渗透率最小的 p128-7 岩样，频率峰值出现在半径比 70 处，孔喉半径比均值 117.78。当岩样孔隙半径一定时，喉道半径越大，其渗透率越大，储层的渗流能力越高，这一结论进一步证明研究区长 2 储层渗流能力大小主要是受喉道尺寸控制的。

表 2-7　岩心孔喉半径比分布情况

序号	样品号	渗透率/mD	0～50 频率/%	51～100 频率/%	101～200 频率/%	201～300 频率/%	301～400 频率/%	孔喉半径比均值
1	x1059-10	48.65	69.50	22.50	8.00			49.73
2	p128-1	20.82	59.20	30.10	8.30	2.20	0.20	59.70
3	p130-1	12.35	48.10	32.70	15.50	3.20	0.50	73.09
4	p130-4	8.15	27.50	40.10	21.00	7.70	3.70	102.77
5	p128-7	4.36	15.00	46.20	25.30	9.50	4.00	117.78
平均			43.86	34.32	15.62	4.52	1.68	80.61

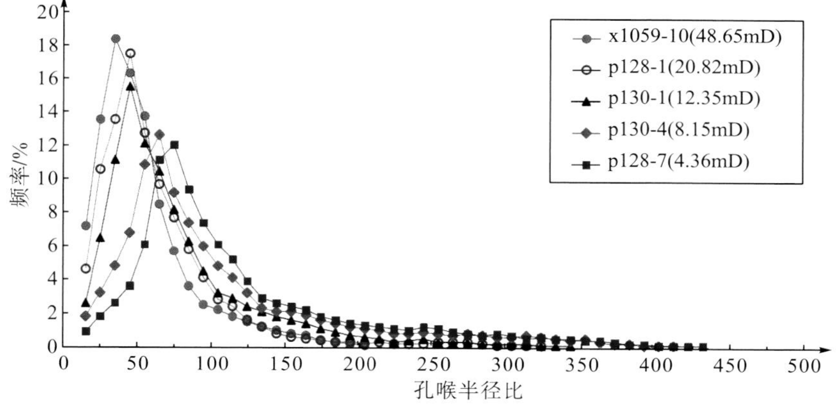

图 2-15　不同渗透率岩样的孔喉半径比频率分布图

4) 毛管压力曲线特征

恒速压汞测得的岩样孔喉参数如表 2-8 所示。绘制了 p128-1 和 p130-1 两个典型岩样的总孔喉、孔隙和喉道的毛管压力曲线图，如图 2-16 所示。

表 2-8　微观孔隙、喉道相关参数汇总表

序号	岩样编号	渗透率/mD	孔隙进汞饱和度/%	喉道进汞饱和度/%	总进汞饱和度/%	孔隙半径均值 r_p/μm	喉道半径均值 r_t/μm	最大连通孔喉半径/μm	主流喉道半径 R_M/μm
1	x1059-10	48.65	58.03	25.68	83.71	156.39	6.46	10.85	7.28
2	p128-1	20.82	49.65	26.54	76.19	155.26	4.35	8.64	5.13
3	p130-1	12.35	39.95	24.36	64.31	154.31	3.14	5.28	3.26
4	p130-4	8.15	38.84	22.83	61.67	148.08	2.60	3.79	2.58
5	p128-7	4.36	21.56	21.96	43.52	148.22	1.62	2.89	1.82
平均			41.61	24.27	65.88	152.45	3.63	6.41	5.69

由表 2-8 可见，5 个岩样中，p130-4 和 p128-7 样品渗透率低，对应的喉道半径较小；渗透率越大，总进汞饱和度越大，渗透率从 48.65mD 变化为 4.36mD，总进汞饱和度数值从 83.71%减小到 43.52%；岩样的喉道进汞饱和度数值比较相近，都相对均匀分布在均值 24.27%附近，总进汞饱和度数值主要受孔隙进汞饱和度数值影响；由于岩样的孔隙半径均值差别不大，孔隙进汞饱和度主要受喉道控制，喉道半径越大其值越大。

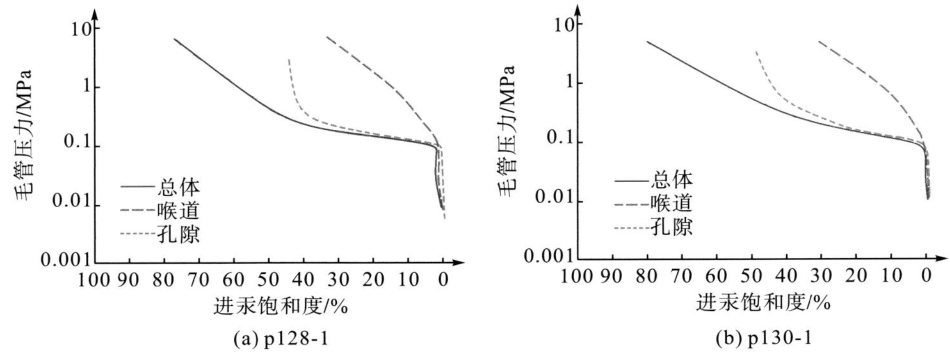

(a) p128-1　　(b) p130-1

图 2-16　两个岩样的喉道、孔隙毛管压力曲线

由图 2-16 可见，两个典型岩样的毛管压力曲线有相似的特征，即喉道压力曲线和孔隙压力曲线比较陡峭，而总体孔喉压力曲线相对平缓，说明半径较小的喉道和孔隙占比较大；总体孔喉压力曲线和孔隙压力曲线有明显平台，而喉道压力曲线陡峭，表明岩样喉道大小分布相对分散，且细喉道数量较大，储层渗流能力相对较差。

2.2.3　岩心 CT 扫描实验

1. 实验原理

CT 扫描成像技术可在不改变岩心内部和外部形态的前提下，研究储层孔隙度分布特征，可得岩心三维空间分布图像和特征。

$$H_{a,r}=(1-\varphi)H_{grain}+\varphi H_{air} \tag{2-1}$$

$$H_{w,r}=(1-\varphi)H_{grain}+\varphi H_{water} \tag{2-2}$$

两式相减，得到孔隙度计算公式：

$$\varphi=\frac{H_{w,r}-H_{a,r}}{H_{water}-H_{air}}\times 100\% \tag{2-3}$$

式中，$H_{a,r}$ 为干岩心 CT 值；H_{grain} 为岩心骨架颗粒 CT 值；H_{air} 为空气 CT 值；$H_{w,r}$ 为地层水饱和岩心 CT 值；H_{water} 为地层水的 CT 值。

2. 实验结果及分析

p128-1 岩样 CT 扫描原图、CT 扫描图像灰度图、CT 扫描骨架三维图和 CT 扫描孔隙三维图见图 2-17～图 2-20，x1059-10、p130-1 两岩样的 CT 扫描骨架三维图和 CT 扫描孔隙三维图分别如图 2-21～图 2-24 所示。

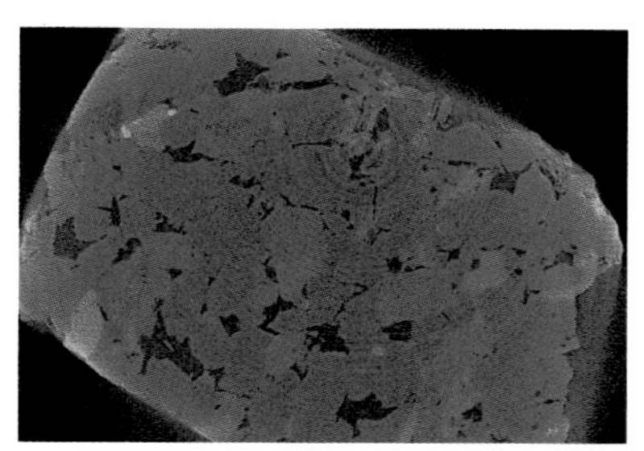

图 2-17　岩样 p128-1 CT 扫描原图

图 2-18　岩样 p128-1CT 扫描图像灰度图

图 2-19　岩样 p128-1 CT 扫描骨架三维图

图 2-20　岩样 p128-1 CT 扫描孔隙三维图

图 2-21　x1059-10 CT 扫描骨架三维图

图 2-22　x1059-10 CT 扫描孔隙三维图

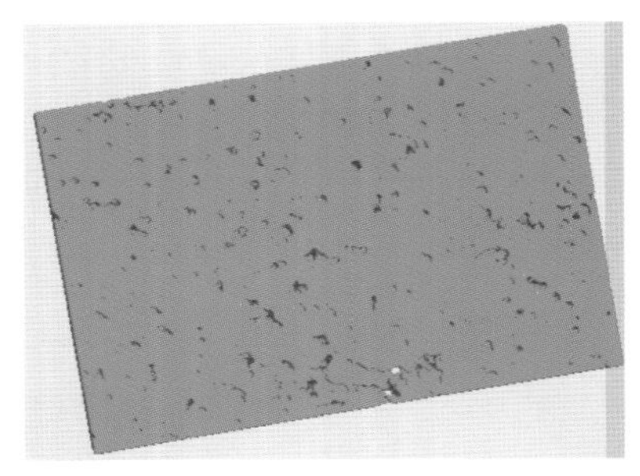

图 2-23　岩样 p130-1 CT 扫描骨架三维图

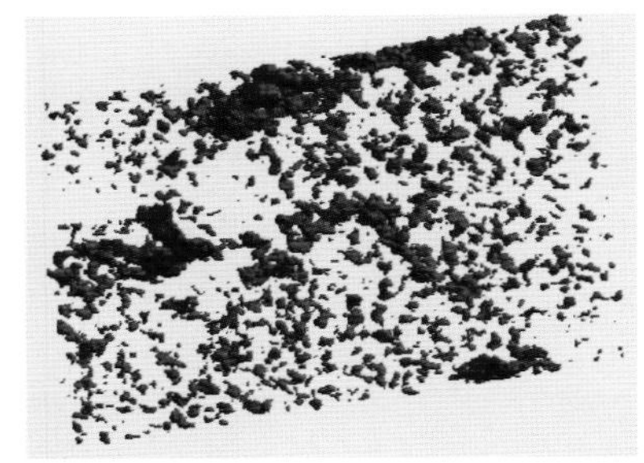

图 2-24　岩样 p130-1 CT 扫描孔隙三维图

由图 2-17～图 2-24 可见，CT 扫描图非常直观地显示了岩样的孔隙大小和分布情况。其中，p130-1 样品孔隙非常发育，较均匀地分散在整个岩样中；p128-1 样品孔隙也比较发育，在岩样中集中分布且连片性较好，形成了两条明显的微裂缝，铸体薄片和 CT 扫描分析证实了延长组储层存在微裂缝；x1059-10 样品中孔隙不发育，只有零星分布。从孔隙的大小和分布情况判断，岩样的孔隙度大小为：p130-1 > p128-1 > x1059-10；考虑孔隙的连通情况可以判断，岩样的渗透率大小为：p128-1 > p130-1 > x1059-10。这一结果与岩心样品的物性参数不相符［x1059-10(48.65mD)> p128-1(20.82mD)> p130-1(12.35mD)］，尤其是 x1059-10 岩样的渗透率对比结果正好相反，由此可见研究区长 2 储层的非均质性极强。

2.3　延长组油层裂缝特征研究

2.3.1　微裂缝发育特征

目前，大部分专家学者在研究岩石的破裂过程中发现，岩石发生宏观破裂并不是一蹴而就的，而是需要经历四个阶段。当岩石受到外界压力作用时，首先发生的是岩石中的孔隙和裂缝不断闭合；接下来岩石发生弹性形变，外力撤出后岩石可恢复形变；下一阶段随着压力的继续增大，超过某一值时，岩石发生塑性变形，岩石内部沿着主应力方向会产生微裂缝；最后一阶段，当外界压力超过岩石的极限抗压强度时，微裂缝数量持续增加，当其数量达到一定程度时，就会发生岩石的宏观破裂。

1)微裂缝类型

微裂缝一般可以按照成因和形态两个方法分类。按成因分类，可分为构造微裂缝、颗粒微裂缝和风化微裂缝三类。其中，构造微裂缝是在构造活动过程中形成的，其最大特点是连通性好；颗粒微裂缝是岩石在外界压力下形成的，特点是连通性差；风化微裂缝是在风化作用下形成的，特点是方向性不强。按形态分类，可分为开启微裂缝、完全充填微裂缝和不完全充填微裂缝三类。这三类微裂缝都有相同的特点，就是缝面均张开；同时也有各自不同之处，微裂缝在矿物方面，开启微裂缝无充填，可作为渗流通道；完全充填微裂缝完全被填充，无渗流性质；不完全充填微裂缝部分被充填，因此部分空间可成为渗流通道。

2）微裂缝的表征

在低渗透砂岩中，微裂缝比较常见，是储层流体重要的储集空间和渗流通道。微裂缝的表征方法主要有体积密度、面密度和线密度三项。本书根据长 2 储层微裂缝的分布特征，主要使用面密度指标来表征微裂缝的发育情况。对于微裂缝的研究，最常用的方法就是先将岩心制作成铸体薄片样品，然后用显微镜观察，对微裂缝进行统计和描述。研究区长 2 储层微裂缝较发育，大部分薄片都可见到微裂缝，其中，p128-1、p141、p44-1 和 p285 井 4 块薄片样品的微裂缝照片如图 2-25～图 2-28 所示。

图 2-25　p128-1 井薄片样品的微裂缝照片

图 2-26　p141 井薄片样品的微裂缝照片

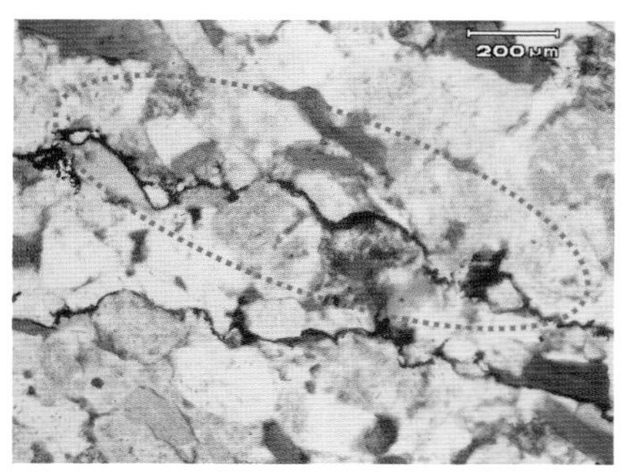

图 2-27　p44-1 薄片样品的微裂缝照片

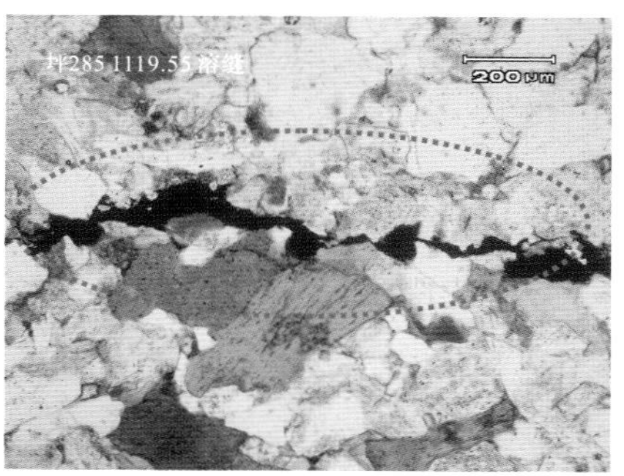

图 2-28　p285 薄片样品的微裂缝照片

可见，图 2-25～图 2-28 四幅照片中微裂缝都比较发育，主要以不规则小裂缝居多。按照成因划分，图 2-25 和图 2-26 属于颗粒微裂缝，图 2-27 和图 2-28 属于构造微裂缝；按形态划分，图 2-25 和图 2-26 属于不完全充填微裂缝，图 2-27 和图 2-28 属于开启微裂缝。

此外，对 48 块岩心铸体薄片样品进行观测，统计结果如表 2-9 所示。由表 2-9 可见，48 块铸体薄片样品中共发现 68 条裂缝，薄片总面积达到 4800mm^2，计算得裂缝总长为 74.8mm，裂缝面密度为 0.01558mm/mm^2，研究结果还说明延长组储层微裂缝较为发育，为油气渗流提供了优势通道。

表 2-9　研究区长 2 储层岩心铸体薄片微裂缝观测数据统计表

项目名称	微裂缝相关描述	备注信息
铸体薄片数/块	48	
微裂缝条数/条	68	
薄片总面积/mm^2	4800	平均单块薄片面积为 100mm^2
微裂缝总长/mm	74.8	微裂缝平均长度为 1.1mm
裂缝面密度/(mm/mm^2)	0.01558	单位面积(mm^2)内裂缝长度
裂缝形态	多数为不规则形状	可见少量水平缝、网状缝
裂缝充填情况	多数未充填，少数碳酸钙充填	

2.3.2　岩心及裂缝方位古地磁分析

选择研究区的 10 口开发井岩心，共采集样品 30 块，加工标样 100 块，对其进行退磁测试，恢复其原始方位，从而计算并统计裂缝的方位，具体定向步骤包括按标准加工样品、采用交变退磁方法测试样品、通过平均法和矢量合成法恢复岩心原始方位。其中 3 口井 6 块样品的基本信息如表 2-10 所示。

表 2-10　样品基本信息统计表

井号	层位	岩性	采集样品数	加工标样	退磁测试	样品编号
p128-1	长 2	砂岩	5	15	15	001、003
p130-1	长 2	砂岩	5	15	15	033、059
x1059	长 2	砂岩	5	20	20	060、066

1) 平均法定向结果

按岩心原始方位恢复步骤对 6 个样品进行测试和坐标转换，得岩心坐标系中岩心的磁倾角和磁偏角，对每个样品 NRM～OE400 计算的磁偏角取平均值 Dg，如表 2-11 所示。

表 2-11　研究区块样品磁分量经坐标转换后计算的磁偏角

编号	场　强/(A/m)									Dg/(°)
	NRM	OE25	OE50	OE75	OE100	OE150	OE200	OE300	OE400	
001	331.3	347.5	329.8	347.9	353.1	319.6	325.5	307.1	349.3	334.6
003	55.8	69.2	72.1	96.9	86.8	65.2	85.5	171.9	128.9	92.5
033	253.4	262.2	245.4	264.0	357.2	264.5	266.0	303.2	287.5	278.1
059	258.8	355.5	121.9	226.4	135.9	131.7	188.5	201.2	137.4	195.3
060	192.1	187.0	196.3	181.5	219.2	206.2	172.0	211.1	241.6	200.8
066	286.7	41.2	35.8	40.2	48.7	137.5	74.6	94.3	38.5	88.6

注：NRM-原生剩磁，单位 A/m；Dg-磁偏角，单位(°)。

2) 矢量合成法定向结果

先转换坐标计算磁倾角、磁偏角，然后选择 NRM～OE400 场强段作为分量拟合对象，分离出各点剩磁低场强分量，再将它们投影到 Zijderveld 矢量图上，将样品剩磁矢量应用 Fisher 统计法合成，样品交变退磁低场强剩磁 Zijderveld 图如图 2-29 所示，低场强分量磁偏角就是投影与 NS 轴的交角。

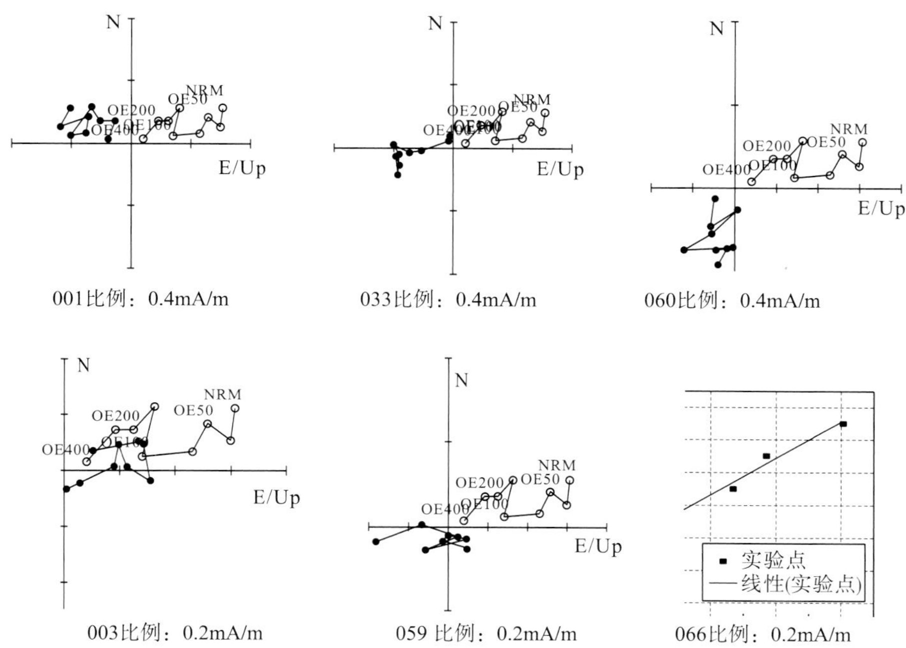

图 2-29　样品交变退磁低场强剩磁 Zijderveld 图

根据坐标转化的方法，将裂缝的走向转化到岩心坐标系中，如表 2-12 所示。

表 2-12　研究区块岩心的裂缝走向

井 号	编 号	Dg 平均值/(°)	裂缝走向/(°)
p128-1	001	334.6	64.6
	003	92.5	182.5
p130-1	033	278.1	8.1
	059	195.3	285.3
x1059	060	200.8	295.3
	066	88.6	178.6

由表 2-12 和图 2-29 可知，样品低场强分量磁偏角与平均数值法计算的磁偏角基本一致。观察分析发现，p128-1、p130-1、x1059 井裂缝与层理面平行，样品裂缝方向与坐标系中 Z 轴方向平行。由数据分析可见：p128-1、p130-1、x1059 井的裂缝走向与岩心坐标系中的 Y 轴平行，因而其裂缝走向应为所计算的磁偏角加上 90°，例如 003 样品坐标系的磁偏角为 92.5°，所以裂缝走向为 182.5°（与岩心观察的方向基本一致）。

将裂缝走向玫瑰图投影在坐标轴上如图 2-30 所示。

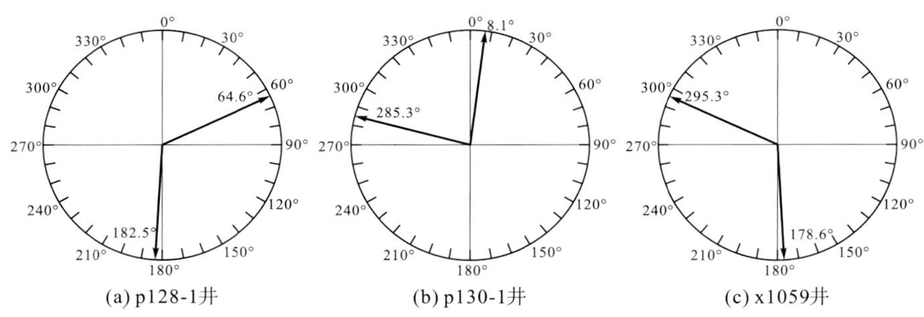

图 2-30　研究区 6 个样品裂缝玫瑰花图

由表 2-12 和图 2-30 玫瑰花图可以看出，6 个样品的裂缝主要有南北、北西、北东三个方向。剩余 7 口油井其中 6 口井岩心中发现裂缝，将这部分井的岩心都制作成样品，开展岩心裂缝方位古地磁分析，裂缝定向结果如图 2-31 所示。

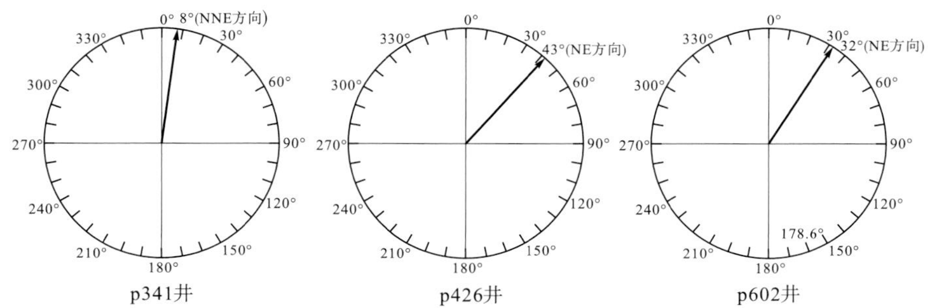

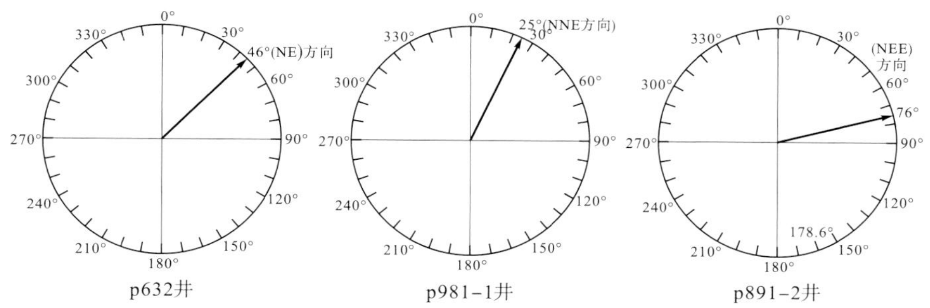

图 2-31　研究区其余 6 口油井裂缝玫瑰花图

对图 2-30 和图 2-31 的研究成果进行汇总分析，结果表明：研究区 12 条岩心裂缝中，主要为北东方向(30°～60°为北东，0°～30°为北北东，60°～90°为北东东)，共有 8 条，约占总裂缝数的 66.6%；南北方向和北西方向次之，各 2 条，分别占总裂缝数的 16.7%。

2.3.3　人工裂缝特征

1. 微地震检测的机理

微地震监测是一种新的地震监测技术，它在监测储层动态裂缝方面明显优于一般的测井方法。在油水井压裂施工过程中，可在施工井邻井井下或者地面布设地震波检测装置，能够监测压裂作业中储层岩石破裂所发生的微地震事件，记录压裂施工过程中微地震数据情况，处理这些数据可以得到压裂裂缝的位置、方位、尺寸等，用来评价各种压裂相关增产方案、储层改造方案的有效性。图 2-32 是微地震监测示意图，图 2-33 是微地震监测压裂裂缝示意图。

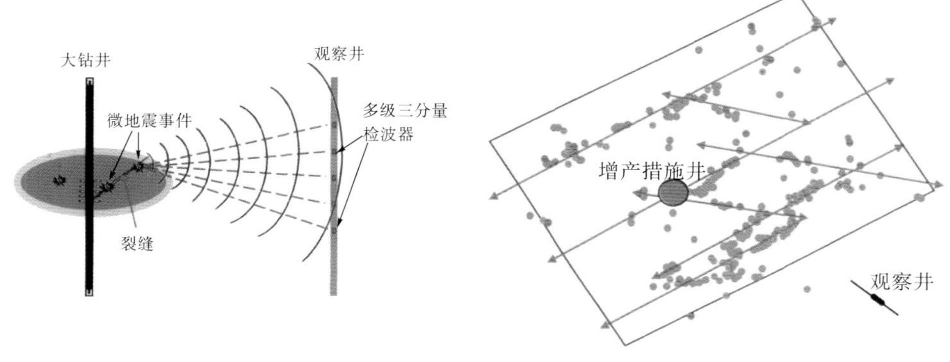

图 2-32　微地震监测示意图　　图 2-33　微地震监测压裂裂缝示意图

微地震监测技术主要是用来监测压裂裂缝，能够对压裂裂缝各项参数(如角度、尺寸、改造体积等)进行定量描述，因此，该技术近年来被广泛应用于油气田储层改造压裂监测。

2. 微地震裂缝监测应用

在压裂和注水过程中，地层岩石中的天然裂缝和人工裂缝周围会出现应力集中，当外力达到一定程度时，裂缝就会发生形变，释放一部分储能，诱发“微地震事件”，收集微地震波，再依靠计算机解释处理，就可反演求取微地震震源位置等相关参数。压裂监测分析可以得出裂缝方位、产状、尺寸等，注水过程监测分析可得到水驱前缘、注入水波及范围等。研究区利用微地震方法共监测五口井，对一口生产井进行水力压裂微地震裂缝监测，压裂井基本信息如表 2-13 所示；对四口注水井开展注水过程微地震监测，实施监测前，先停注使微裂缝闭合，开展静态监测，然后开始注水作业，注水会在地层中产生微地震，实施注水监测。静态监测和注水监测记录时间均为 360min。注水井基本信息如表 2-14 所示。

表 2-13　微地震监测压裂井基本信息统计表

序号	井号	井别	层位	射孔层段/m	测量深度/m	压裂监测时间/min
1	p89-7	生产井	长 2	1117.0～1119.0	1118.0	64

表 2-14　微地震监测注水井基本信息统计表

序号	井号	井别	层位	注水层段/m	测量深度/m	监测持续时间/min	
						静态	动态
1	p83	注水井	长 2	1027.0～1029.0	1028.0	360	360
2	p151	注水井	长 2	1003.0～1006.0	1004.5	360	360
3	p95	注水井	长 2	940.0～942.0	941.0	360	360
4	p116	注水井	长 2	952.0～954.0	953.0	360	360

由表 2-13 和表 2-14 可知，微地震监测的生产井和注水井均为延长组油层，监测深度为 940.0～1119.0m，其中生产井压裂监测时间为 64min，4 口注水井的静态和动态监测时间均为 360min。

1)压裂井监测结果分析

通过微裂缝监测和数据分析，得到 p89-7 井监测三维裂缝立体图(图 2-34)，并绘制了压裂裂缝玫瑰图(图 2-35)。

分析图 2-34、图 2-35 可知，水力压裂裂缝长度为 153.88m，东翼缝长为 81.47m、西翼进水裂缝长度 72.41m，裂缝高度为 4.04m；此外，可见原生微裂缝比较发育，裂缝方位为北东 50° 左右、北西 45° 左右。由图 2-34、图 2-35 可见，p89-7 井水力压裂的人工裂缝走向趋势为北东 54°，主要产生了一条主缝，两条支缝。其中，主缝为北东 65°，二条支缝分别为北东 55°和北东 40°；区域最大水平主压应力方向近于北东方向，二者略有偏差。在过井位置裂缝方向有一个明显变化，西侧裂缝左旋，可能受到天然裂缝影响。

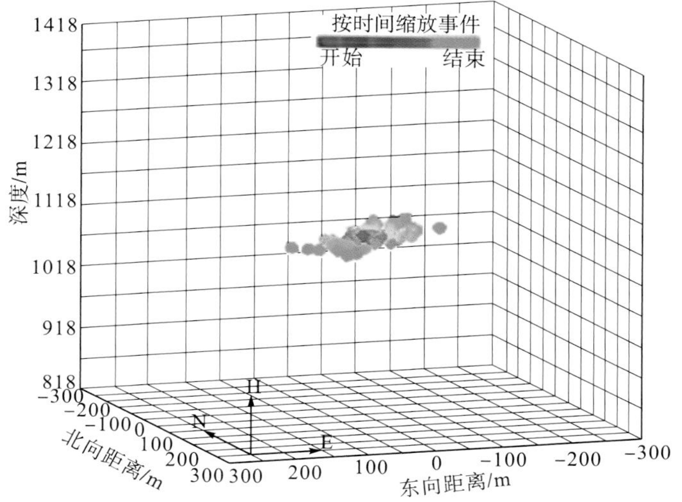

图 2-34　p89-7 井三维裂缝立体图

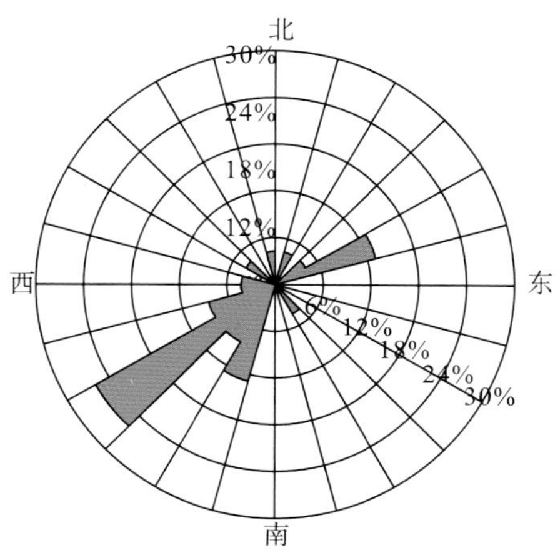

图 2-35　p89-7 井压裂裂缝玫瑰图

2）注水井监测结果分析

（1）注水井静态裂缝监测分析。

p83 注水井微地震监测静态四维立体图如图 2-36 所示，微地震监测绘出了可能存在的裂隙走向图如图 2-37 所示；p83 注水井微地震监测注水四维立体图

如图 2-38 所示，微地震注水监测诱发裂隙走向图如图 2-39 所示。

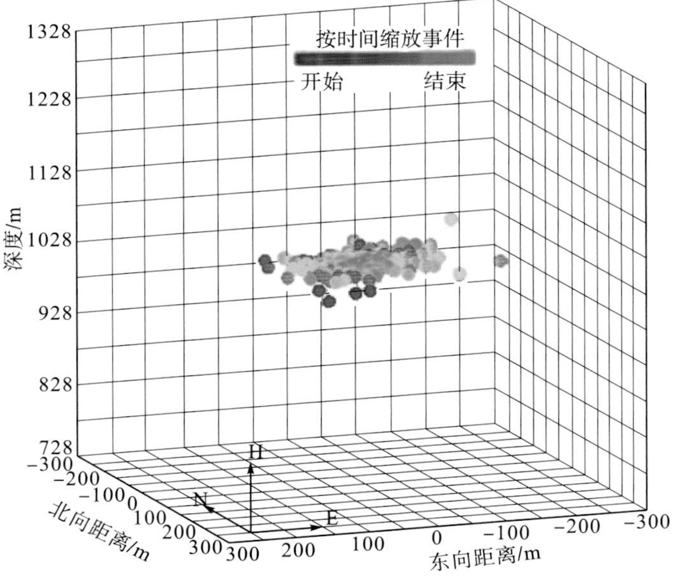

图 2-36　p83 静态监测四维立体图

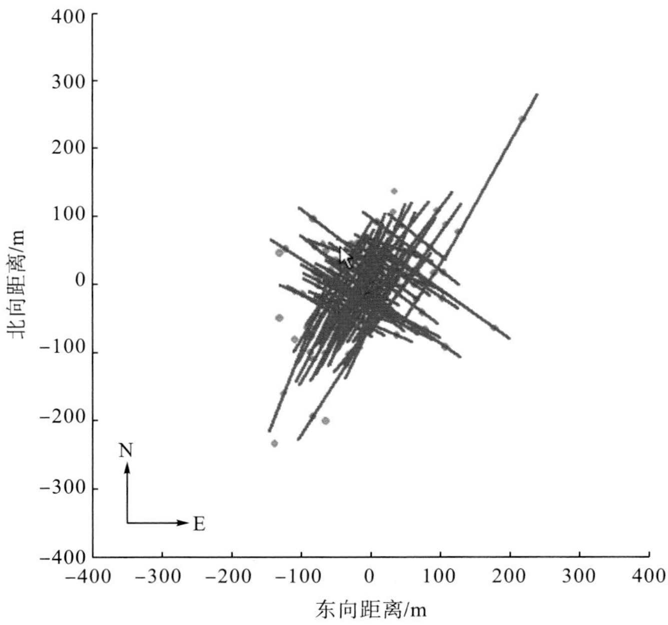

图 2-37　p83 静态监测近井裂隙走向图

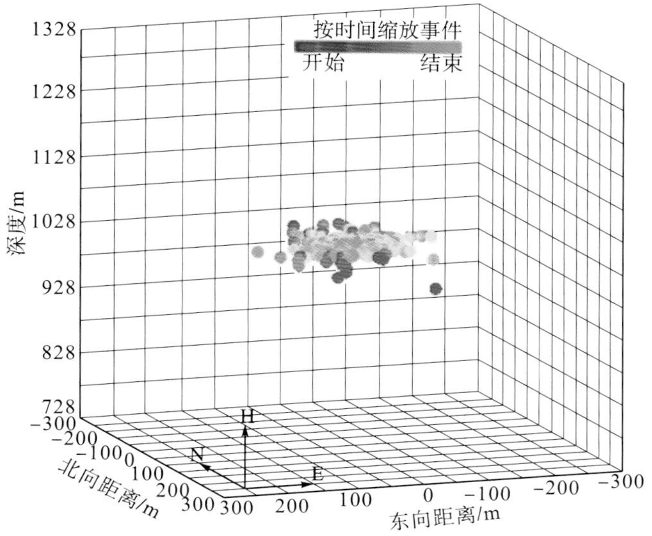

图 2-38　p83 注水监测四维立体图

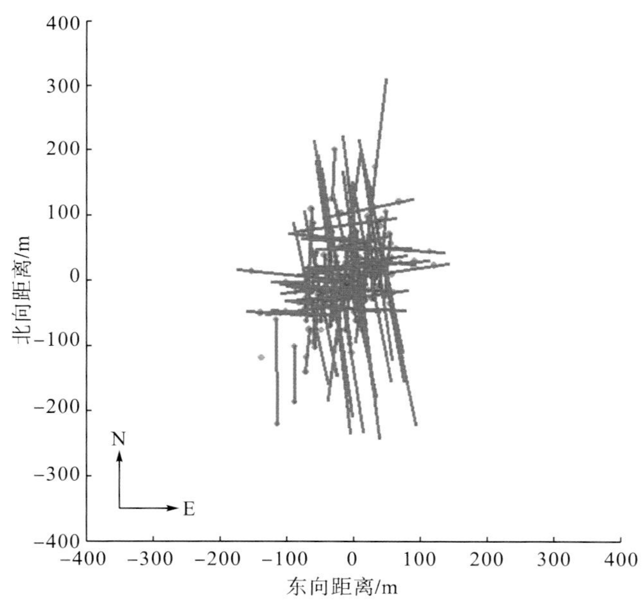

图 2-39　p83 注水监测诱发裂隙走向图

由图 2-36 可见，裂缝在井的两侧基本对称发育，平均裂缝方向北东 66.4°，过井裂缝方向北东 35°、北东 45°；不过井裂缝方向北东 60°、北西 15°、北西 40°。由图 2-37 可见，裂隙中度发育，近井裂隙主要方向为北东 45°、北西 60°。

由图 2-38 可见，p83 井注水的平均水流方向为北东 65°，注水见效区长度 274.7m，邻井距离较远，偏离优势水流方向，注水见效程度较低；由图 2-39 可见，注水井的近井地带储层中原生裂缝比较发育，主要方向为北东 15°、北西 15° 和近东西方向。

p151、p95、p116 三口注水井微地震监测静态四维立体图分别见图 2-40、图 2-42、图 2-44，微地震监测绘出了可能存在的裂隙走向图分别见图 2-41、图 2-43、图 2-45。

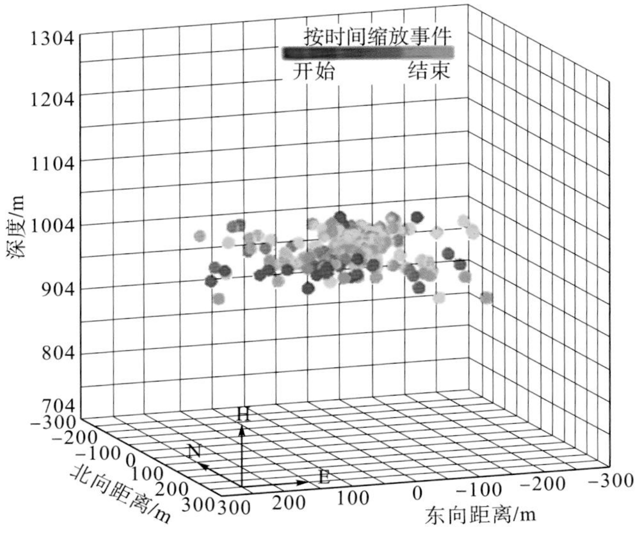

图 2-40　p151 静态监测四维立体图

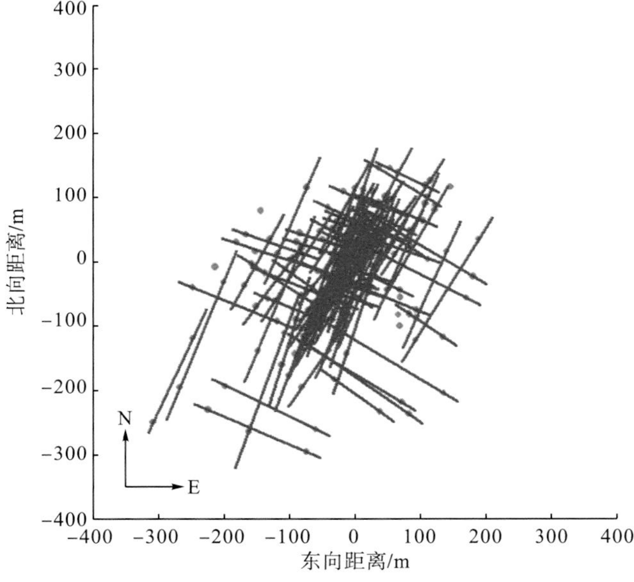

图 2-41　p151 静态监测近井裂隙走向图

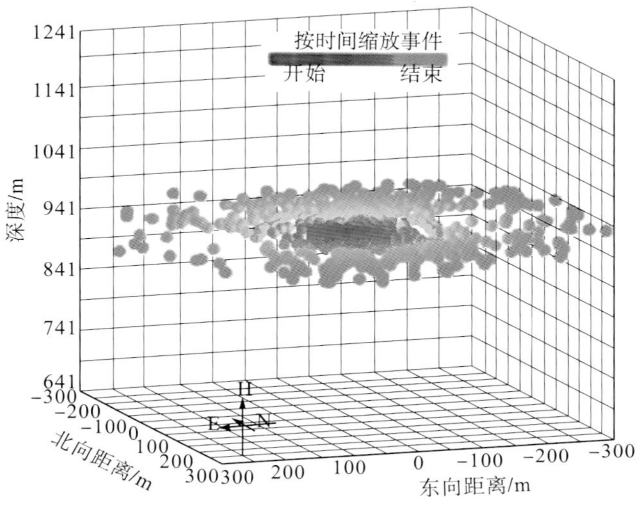

图 2-42　p95 静态监测四维立体图

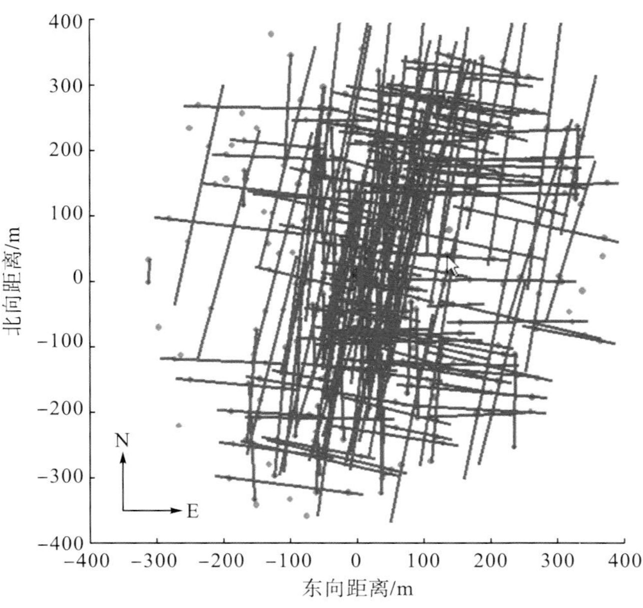

图 2-43　p95 静态监测近井裂隙走向图

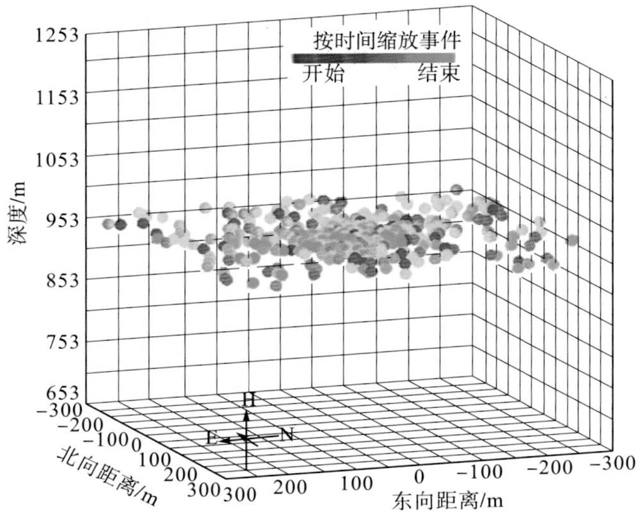

图 2-44　p116 静态监测四维立体图

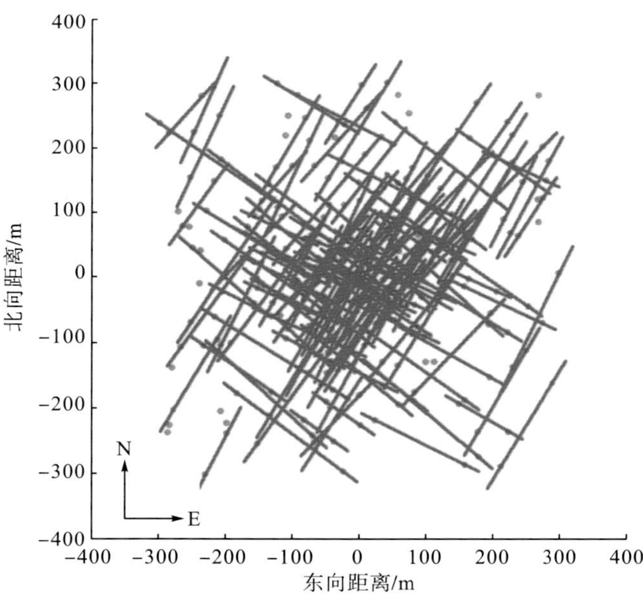

图 2-45　p116 静态监测近井裂隙走向图

通过图 2-40～图 2-45 静态监测分析，得到 p151、p95、p116 三口注水井的平均裂缝、过井裂缝、不过井裂缝和近井裂缝数据，并将 p83、p151、p95、p116 四口注水井的静态监测数据汇总，如表 2-15 所示。

表 2-15　静态监测数据统计表

井名	平均裂缝方向	过井裂缝方向	不过井裂缝方向	近井裂隙方向	倾角
p83	北东 66.4°	北东 35° 北西 45°	北东 60° 北西 15° 北西 40°	北东 45° 北西 60°	2°
p151	北东 68.5°	北东 30° 北东 60° 北西 50°	北东 70° 北东 30°	北东 45° 北西 65°	2°
p95	北东 74.9°	北东 30° 北西 15° 北西 45°	北东 30° 北东 60° 北东 75° 北西 30° 北西 60°	北东 15° 北西 75° 北西 85°	4°
p116	北西 81.2°	北西 55°	北东 55° 北东 50° 北西 30° 北西 45°	北东 45° 北西 60°	4°

将静态监测数据绘制成直方图如图 2-46 所示。(图中红色是平均裂缝方向，蓝色是过井裂缝方向，绿色是不过井裂缝方向，棕色是近井裂隙方向。)

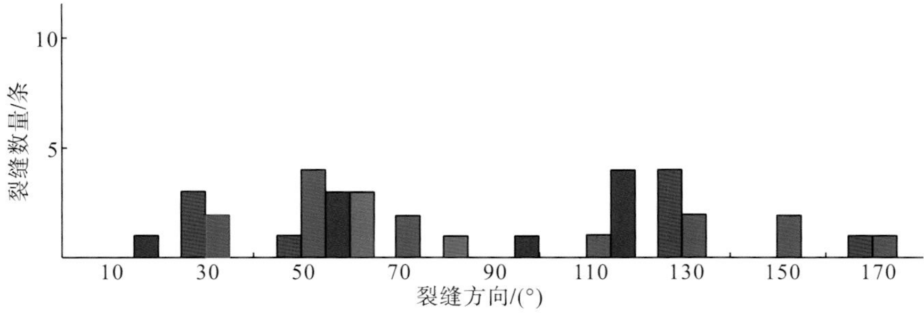

图 2-46　静态监测直方图

由图 2-46 可见，静态监测裂缝方向集中在北东 60°(北东 300°、北东 120°均为同一方向)二簇中。北东 60°一簇优势方向与压裂裂缝方向一致，是人工形成的，可以推断北东 30°、北东 90°、北西 60°方向可能存在不发育的原生裂缝。

(2)注水井动态裂缝监测分析。

p151、p95、p116 三口注水井微地震监测注水四维立体图如图 2-47、图 2-49、图 2-51 所示，微地震注水监测诱发裂隙走向图如图 2-48、图 2-50、图 2-52 所示。

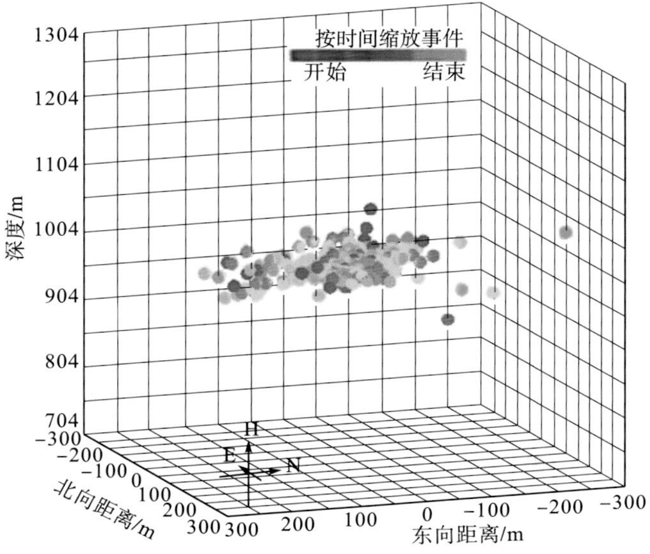

图 2-47　p151 注水监测四维立体图

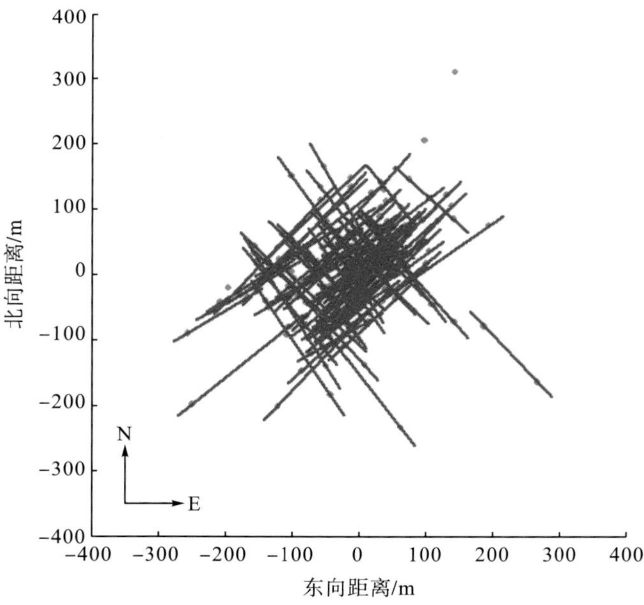

图 2-48　p151 注水监测诱发裂隙走向图

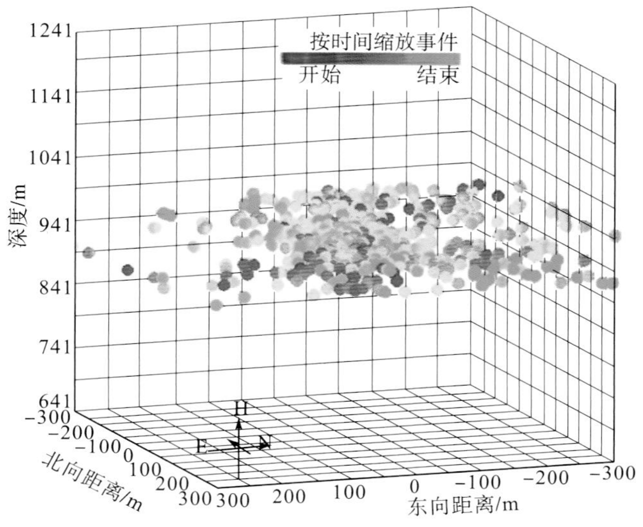

图 2-49　p95 注水监测四维立体图

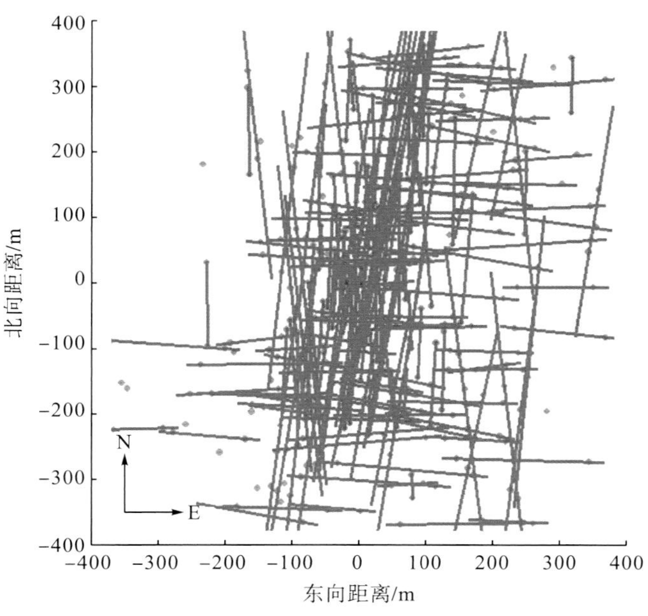

图 2-50　p95 注水监测诱发裂隙走向图

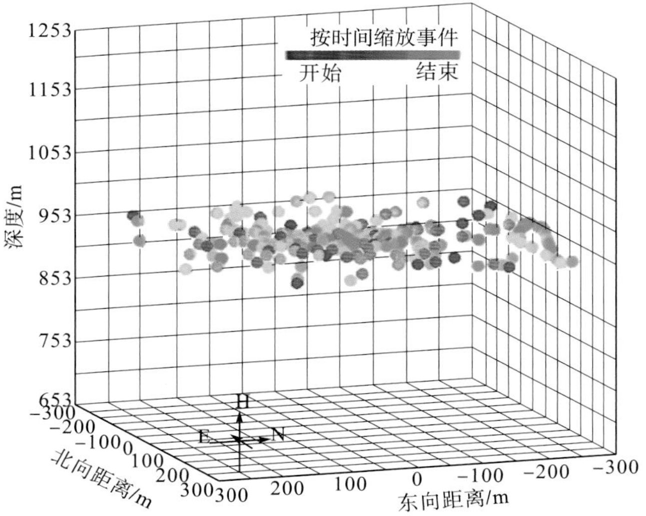

图 2-51　p116 注水监测四维立体图

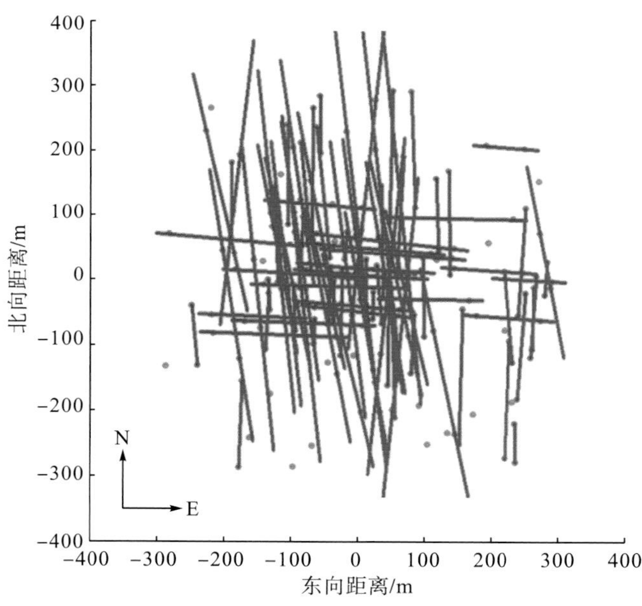

图 2-52　p116 注水监测诱发裂隙走向图

通过注水监测分析，得到 p83、p151、p95、p116 四口注水井的裂缝有效区长度、宽度、高度、方向、统计方位，同时得到水流密集区方向、优势渗流区方向和近井裂隙方向，如表 2-16 所示。

由注水动态监测结果可知，四口注水井注水前缘扩展方向相同，均为自井边开始向北西向和东南向扩展；p95 井注水波及范围偏大，p116 井存在异常注水前缘方向。注水前缘的优势方向相同，都是大体沿着静态监测的过井裂缝方向发育。此外，p83 井受益井距离较远，偏离优势水流方向，注水见效程度低；p151 井存在一个北西向和东南向的高注水见效区，注水层中上部吸水强度稍强；p95 井存在一个北西向和东南向的高注水见效区，注水层上部吸水强度稍强，近井原生裂隙中等发育；p116 井存在一个北西向和东南向的高注水见效区，注水层段吸水强度大体均匀。

表 2-16　注水监测数据统计表

井名	有效区长度/m	有效区宽度/m	有效区高度/m	平均水流方向	水流密集区方向	优势渗流区方向	有效区方向	近井裂隙方向
p83	274.7	234.8	11.3	北东 65.9°	北东 40° 北西 55°	北西 50° 北东 35°	北西 45° 北东 45°	北东 15° 北东 75° 北西 15° 北西 85°
p151	346.1	312.5	30.9	北东 73.8°	北东 30°	北东 60°	北东 60° 北西 75°	北东 45° 北东 60° 北西 20°
p95	715.5	520.3	11.2	北东 70.3°	北东 20° 北西 45°	北东 30°	北东 30°	北东 15° 北东 75° 北西 15° 北西 80°
p116	584.4	412.4	9.5	北西 85.8°	北西 60° 北东 45°	北西 60°	北西 60°	北东 15° 北西 15° 北西 85°

将注水监测数据绘制成直方图如图 2-53 所示。(图中，红色是平均水流方向，蓝色是水流密集区方向，绿色是优势渗流区方向，紫色是有效区方向。)

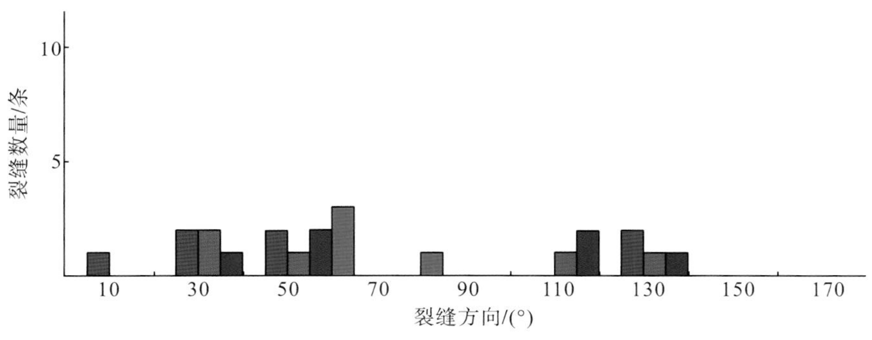

图 2-53　注水监测直方图

由图 2-53 可见，注水监测的优势水流方向分为三簇，北东 60°方向的一簇是受应力场影响形成的优势方向。北东 30°、北西 60°两个方向可能源于原生裂缝影响，在注水过程中得到加强。

该区 p83、p151、p95、p116 四口注水井的微地震监测(静态监测和注水监测)结果表明：p83、p151、p95 三口井的平均水流方向均为北东方向，静态监测方向与注水方向有很好的一致性。注水过程中诱发微裂缝张开，所以要控制注水压力，避免注入水沿裂缝方向突进造成水窜。

3) 注水井水驱前缘监测

注水井在流体注入过程中，原先闭合的微裂缝会重新开启，并产生新的微裂缝，同时产生向四周传播的微震波，引发微地震事件。通过地震波监测，可以得到震源位置、水驱前缘、波及范围、优势注水方向等相关资料。在延长组油层共开展了 9 个井组的水驱前缘监测，得到水驱前缘叠加图见图 2-54。

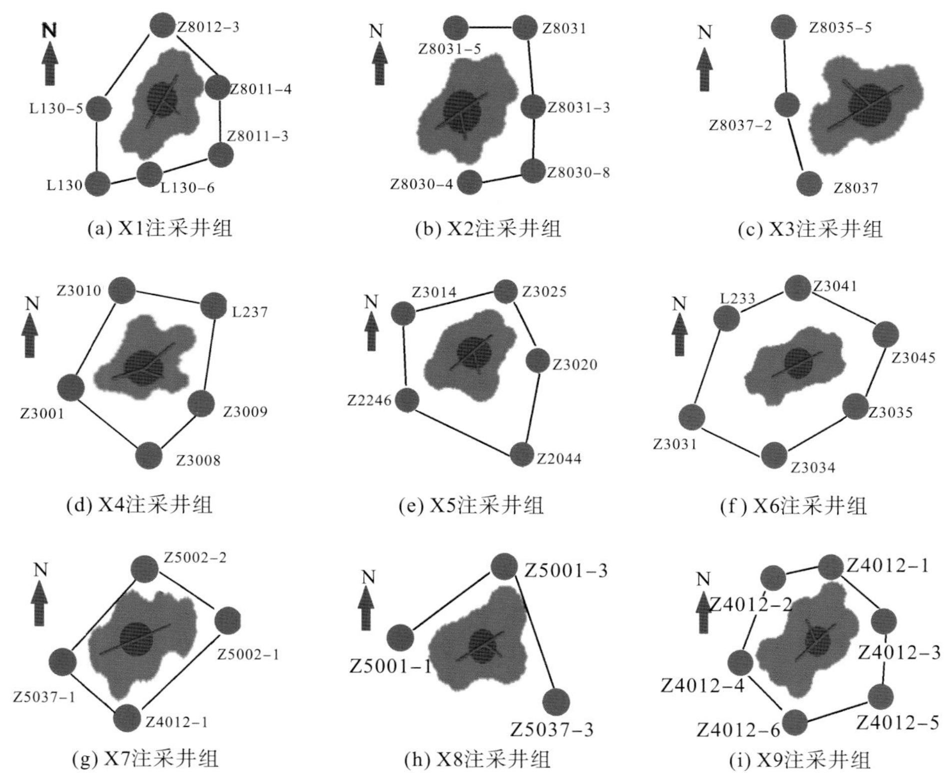

图 2-54　研究区附近注采井组水驱前缘叠加图

对图 2-54 中水驱前缘叠加图进行分析，结果如表 2-17 所示。

表 2-17　水驱前缘监测结果分析

序 号	井组编号	受益井数/口	水驱主流方向	水驱次流方向
1	X1	6	北偏东 35°	东偏南 40°
2	X2	5	北偏东 60°	东偏南 80°
3	X3	3	北偏东 60°	北偏西 45°
4	X4	5	北偏东 51°	东偏南 20°
5	X5	5	北偏东 44°	东偏南 75°
6	X6	6	北偏东 67°	无
7	X7	4	北偏东 75°	无
8	X8	3	北偏东 64°	东偏南 45°
9	X9	6	北偏东 54°	北偏西 30°

由图 2-54 和表 2-17 可见，9 个注采井组在注水过程中，注入水的推进速度不均匀，沿着北东-南西方向推进速度快，其他方向推进速度慢，注水水驱前缘叠加图存在明显的“舌进”。结合上文人工压裂裂缝的方位研究可推断：人工裂缝是注入水的优势通道。由统计数据可知，注入水推进方向主要是在北偏东 35°～75°，平均方位北偏东 57°，次流方向是东偏南方向，平均方位东偏南 52°。因此，分析认为研究区延长组油层人工压裂裂缝主要方向为北东-南西向，平均方位在北偏东 60°左右。

2.4　本 章 小 结

本章从渗流通道不同尺度出发，由点到面逐级深入，综合采用铸体薄片分析、压汞分析、恒速压汞、CT 扫描、古地磁定位、微地震监测以及水驱前缘监测等研究手段，开展了延长组低渗透储层裂缝特征综合研究。延长组油层属于裂缝-孔隙型油藏，铸体薄片和 CT 扫描分析证实延长组储层存在微裂缝，古地磁分析确定裂缝走向主要为北东方向，微地震监测表明压裂井主裂缝方向为北东 65°，水驱前缘监测表明人工裂缝是注入水的优势通道，优势水流方向为北东 57°。

第 3 章　低渗透储层岩心非线性渗流特征研究

3.1　岩心非达西渗流规律研究

3.1.1　实验原理

大量渗流实验研究结果表明，渗流特征主要有三种类型，如图 3-1 所示。

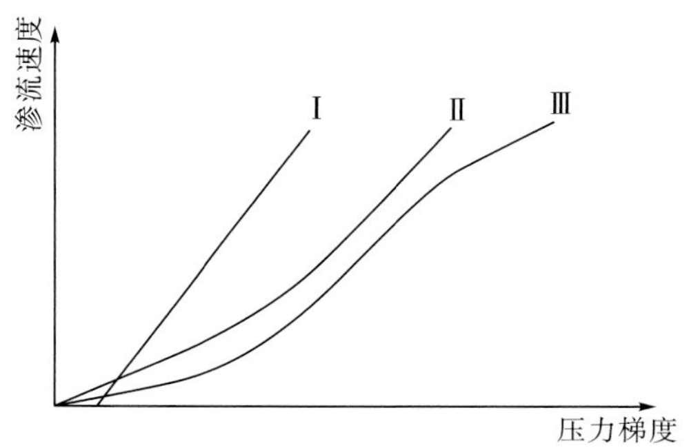

图 3-1　非线性渗流特征曲线示意图

I 型曲线显示的渗流类型是具有初始压力梯度的，说明这种原油发生渗流流动时，必须满足压力梯度高于“启动压力梯度”，流动规律为随着压力梯度的增加渗流速度逐渐变大，符合拟线性流流态。II 型曲线显示的渗流类型是包含有两段线性渗流类型。这种渗流流动类型表明原油发生渗流流动时，满足压力梯度低于某一值时，流动规律为随着压力梯度的增大渗流速度缓慢增长；当其压力梯度高于某值时，流动规律为随着压力梯度的增大快速增长，表现为拟线性流。这一类型渗流方程可以用线性段(或拟线性段)方程来表示。III型曲线显示的渗流类型是包含有三段线性渗流模型。这种渗流流动类型表明原油发生渗流流动时，满足压力梯度低于某一值时，流动规律为随着压力梯度的增大缓慢增长；当其压力梯度大于某一值时，流动规律为随着压力梯度的增加渗流速度逐渐变大，符合拟线性流流态；当其超过某一固定梯度值后，渗流表现为达西渗流。这一类型渗流方程也可以用三段线性(或拟线性)方程来表示。

3.1.2　试剂与仪器

实验装置为一维岩心驱替实验装置；采用天然岩心；实验用水为延长油田化子坪区延长组油层地层水，该地区地层水矿化度为65541mg/L；实验温度为50℃。实验所用岩心参数见表3-1。

表 3-1　渗流规律测试所用岩心参数

编号	样号	长度/cm	直径/cm	密度/(g/cm^3)	孔隙度/%	渗透率/mD
1	X1064-2	5.431	2.487	2.635	13.033	2.394
2	X1059-1	5.541	2.492	2.631	15.143	5.396
3	X1064-1	5.654	2.491	2.628	15.156	14.493
4	X1028-1	5.320	2.486	2.632	13.894	21.043
5	X1028-2	5.574	2.489	2.636	17.436	25.389

3.1.3　实验方法

(1) 饱和岩心。将岩心清洗、烘干后称量出干重，饱和地层水后，再称岩心湿重，用物质平衡法计算岩心的孔隙度。把岩心夹持器的出口堵头装上，浸入法把岩心装入夹持器，使岩心浸没在地层水中，装入岩心，接上入口堵头后，再将岩心夹持器接入驱替实验装置中。

(2) 以某一恒定的流速注水 5PV①以上，直到岩心两端压力稳定，记录岩心两端的压力及流量，然后增加流速，测量下一组数据，直到测出全部实验点。

3.1.4　实验结果及分析

X1064-2、X1059-1 等不同渗透率岩心渗流实验结果如图 3-2～图 3-8 所示。

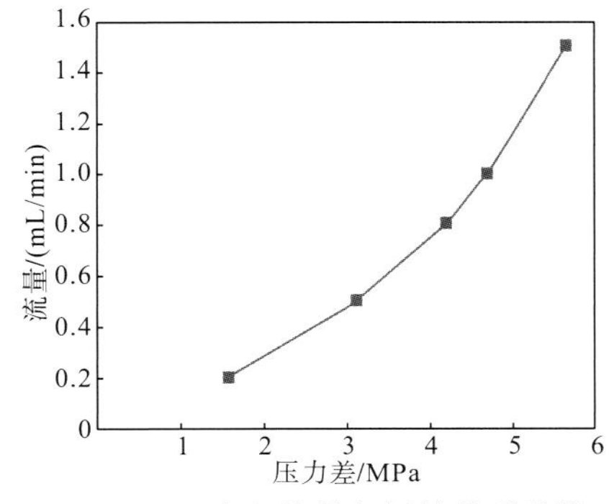

图 3-2　X1064-2 岩心流量与压差关系曲线（渗透率 2.394mD）

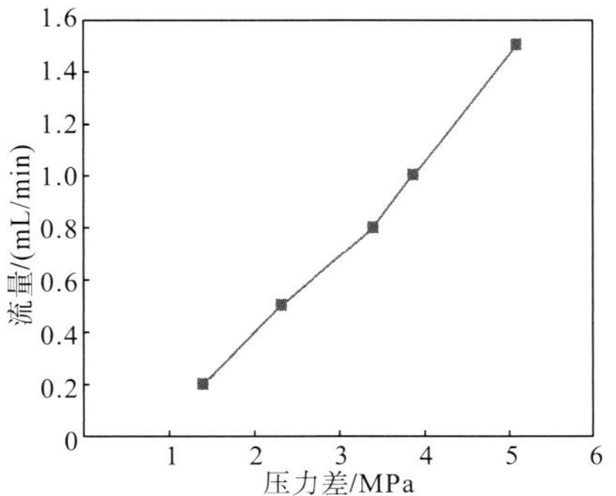

图 3-3　X1059-1 岩心流量与压差关系曲线（渗透率 5.396mD）

① PV：pore volume，孔隙体积。

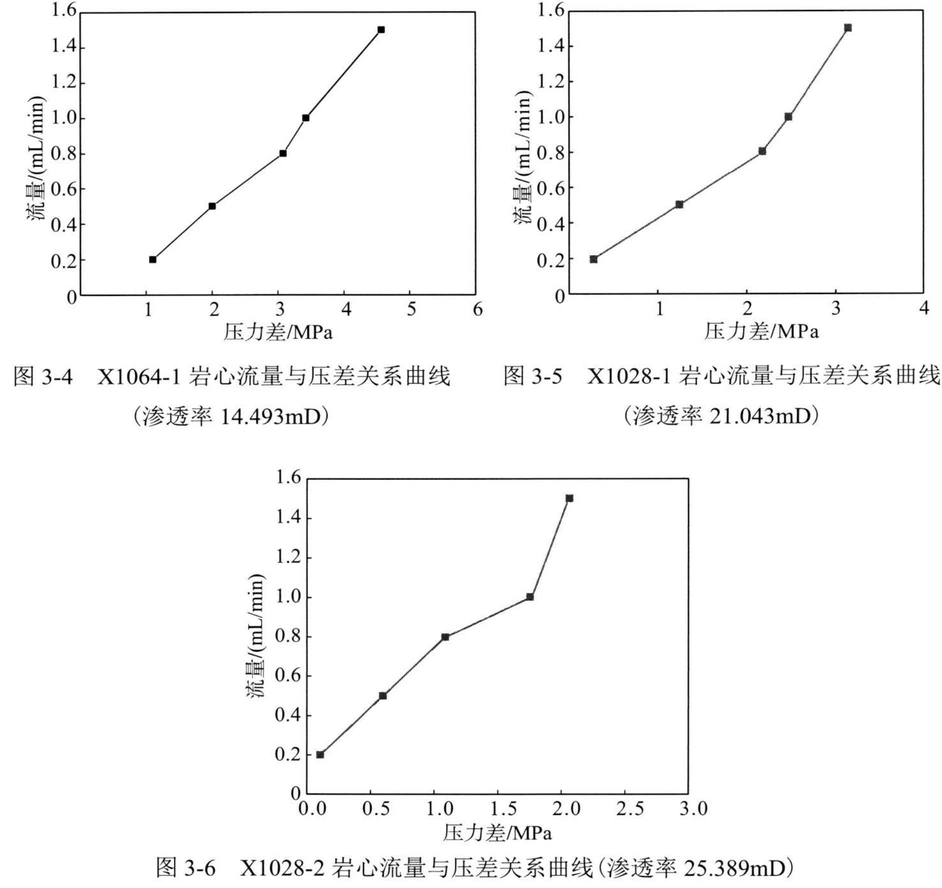

图 3-4　X1064-1 岩心流量与压差关系曲线（渗透率 14.493mD）

图 3-5　X1028-1 岩心流量与压差关系曲线（渗透率 21.043mD）

图 3-6　X1028-2 岩心流量与压差关系曲线(渗透率 25.389mD)

图 3-7　不同渗透率岩心流量与压差关系曲线

图 3-8　不同流量下渗透率与压差关系曲线

由图 3-2～图 3-6 可见，不同渗透率岩心压力差与注入速度都有相关性，随着流速增加(即流量增大)，岩心两端的压差都随之增大。当注入速度较小时，岩心两端压差增加幅度较小，随着注入速度继续增大，岩心两端压差增加幅度急剧增大。还可以看出，该区岩心流体流动具有非达西渗流特征，渗流曲线表现出明显的非线性特征。

由图 3-7 可见，相同流量下，随着渗透率增加，岩心两端的压力差逐渐减小；同一压力差条件下，随着渗透率增加，流量逐渐增大；渗透率越低，压力差与流速之间的关系越符合 II 型曲线。由图 3-8 可见，渗透率越小，流体渗流能力越差，岩心两端的压力差越大。压力梯度低于某一值时，流动规律为随着压力梯度的增大渗流速度缓慢增长；当其压力梯度高于某值时，流动规律为随着压力梯度的增大快速增长，表现为拟线性流。延长油田低渗透油藏需克服渗流阻力，宜采用增大生产压差的方法开采。

3.2　低渗储层油水微观驱替研究

3.2.1　实验样品和实验装置

本实验所用岩心和流体来自延长油田延长组低渗透油藏。所采用的装置为真实岩心薄片微观模拟驱替实验系统。该系统主要由计量泵、油和水中间容器、产液量计量管、岩心薄片模型、恒温系统、显微镜、终端显示设备、图像采集分析系统等构成，辅助实验设备主要为真空泵。实验装置如图 3-9 所示。

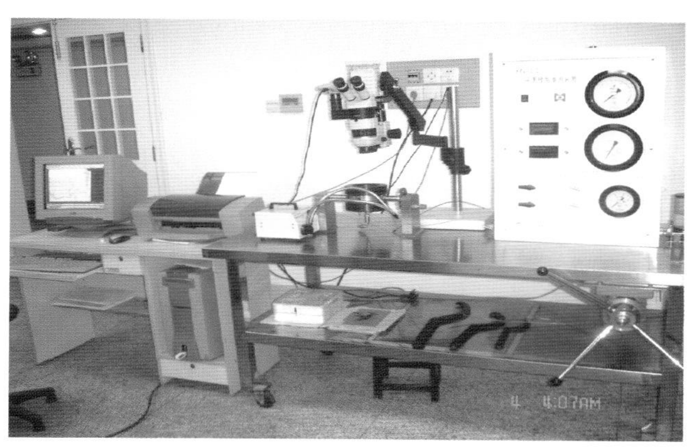

图 3-9　真实岩心薄片微观模型水驱油实验装置实物图

对实际岩心抽提、烘干、切片和磨平，然后粘贴在两块玻璃片之间制作成标准尺寸 1.2cm×1.2cm 的方形薄片。

3.2.2　实验步骤

油水相互驱替实际上用来模拟油水在储层中渗流的过程，本实验步骤主要包括抽真空饱和水、油驱水建立束缚水饱和度和水驱油的真实注水开发过程。实验中模拟油和模拟水均根据实际地层原油黏度、地层水矿化度配制而成。具体实验过程和步骤如下。

(1) 模型先抽真空饱和水，计算模型的总孔隙体积。

(2) 测饱和水状态下模型的液体渗透率，且至少测三次取平均值。

(3) 全模型和模型局部拍照观察饱和水模型，以确定模型初始完全饱和水。

(4) 进行油驱水(实际为饱和油过程)直至模型出口端完全不出水为止，并对模型进行全景和局部拍照，以计算模型初始含油饱和度和束缚水饱和度。

(5) 进行水驱油实验(实际为注水开发过程)，逐渐加压以确定该模型水驱油时的启动压力梯度，并继续加压超过该启动压力，在每一个压力值稳定且流动平衡的条件下计算模型在不同压力条件和注入水体积(以孔隙体积 PV 倍数计量)下的残余油饱和度，并进行驱替效率计算，在驱替过程中实时进行模型全景和局部放大拍照。

3.2.3　水驱油过程分析

延长组油藏主要发现粒间孔、微裂缝、微裂缝-孔隙三种主要的渗流通道，开展了这三种主要渗流通道模型的水驱油实验。

1) 粒间孔为主要渗流通道

粒间孔发育模型中，水沿着饱和油时油最先进入的优势通道快速前进。随着注入水压力不断增加，注入水仍主要沿着上述优势通道前进，少部分进入其他区域，最终注入水进入整个模型的区域范围并不大，残余油区域的范围仍然很大。最后模型中显现出三种不同的油水分布特征区域，分别为粒间孔发育的水驱油较彻底区(洗油充分区)、残余油较多区、束缚水区。

2) 微裂缝为主要渗流通道

注入水首先进入微裂缝并将其中的油驱替出去，且形成沿着微裂缝方向的渗流通道。随着驱替压力的增加，注入水的波及范围并没有明显增加，仅更多地将微裂缝颗粒表面的油膜逐渐洗下来并驱替出去，但微裂缝中的油完全被注入水驱替出来时，注入水就会突破到模型的出口端，即完成驱替，最终形成两种油水分布区域，即水洗充分区和束缚水区。

3）微裂缝-孔隙为主要渗流通道

当注入水方向与微裂缝方向平行时，在压力作用下，注入水首先进入微裂缝中驱替裂缝中的油，随着压力增加，注入水会进入微裂缝两侧相连通的孔隙中驱油，此时注入水的绕流则会在孔隙和裂缝中卡断油并形成残余油。当注入水流线方向与微裂缝走向相垂直时，注入水首先会沿着微裂缝向两侧连通孔隙窜流，直至微裂缝内被注入水充满，继而注入水才会沿着薄弱带越过微裂缝驱替孔隙中油，此种驱替效果较前一种情况要好。

通过观察上述三种模型中水驱油的流动形态可见，随着注水饱和度的增加，部分注入水附着于波及到的模型基质表面形成水膜，部分水占据波及到的模型边角处，还有大部分注入水沿着模型优势通道或微裂缝通道形成渠道流动驱油。而注入水波及范围内的残余油被圈闭在死孔隙或很细的连通喉道处，也有少部分油被注入水分割成孤立的油滴而被水包围，当大部分的剩余油尚未被注入水波及到，因此如何扩大波及范围和提高波及效率是当前延长油田亟待解决的关键问题。

以上分析可以看出这三种模型中注入水都是沿着优势通道突进，特别是微裂缝通道模型中微裂缝两侧残余大量原油，延长应致力于提高波及效率。

3.3　低渗储层启动压力梯度研究

3.3.1　启动压力梯度实验方法

实验采用压力差-流量法的基本原理是：在不同驱替压力差稳定后，测量流体通过岩心的流量，绘制流量与压力梯度关系图，回归曲线求出启动压力梯度。首先对延长组低渗透油藏长 6 和长 2 油层岩心进行钻取、洗油、烘干，测取基本的物性参数，然后建立束缚水饱和度，在束缚水饱和度实验温度为 50℃下测定启动压力梯度。

3.3.2　延长组不同启动压力梯度实验

1. 延长组长 6 油层启动压力梯度实验

选定长 6 油层 3 口油井，每口井取代表性岩心 5 块，共 15 块岩心开展启动压力梯度测量实验。本实验所测量的 15 块岩心基础物性参数详见表 3-2，该 15 块岩心的启动压力梯度测试结果详见表 3-3。

表 3-2　启动压力梯度实验 15 块岩心基础物性参数

井号	岩心号	密度/(g/cm³)	孔隙度/%	渗透率/mD
X1064	4	2.354	8.931	0.445
X1064	7	2.409	8.912	0.120
X1064	12	2.418	8.798	0.061
X1064	15	2.406	8.034	0.513
X1064	19	2.422	8.107	0.577
X1028	2	2.338	11.542	1.639
X1028	5	2.323	11.487	2.588
X1028	9	2.341	11.415	2.147
X1028	10	2.436	8.107	0.214
X1028	16	2.445	7.804	0.253
X1059	4	2.326	8.131	0.060
X1059	10	2.358	11.097	4.926
X1059	11	2.421	11.378	1.807
X1059	13	2.317	11.267	2.310
X1059	18	2.352	8.793	0.022

表 3-3　启动压力实验研究 15 块标准岩心的实验测量结果

井号	岩心号	孔隙度/%	渗透率/mD	启动压力梯度/(MPa/m)
X1064	4	8.931	0.445	0.203
X1064	7	8.912	0.120	0.998
X1064	12	8.798	0.061	1.170
X1064	15	8.034	0.513	0.149
X1064	19	8.107	0.577	0.140
X1028	2	11.542	1.639	0.096
X1028	5	11.487	2.588	0.058
X1028	9	11.415	2.147	0.070
X1028	10	8.107	0.214	0.789
X1028	16	7.804	0.253	0.542
X1059	4	8.131	0.060	1.235
X1059	10	11.097	4.926	0.034
X1059	11	11.378	1.807	0.056
X1059	13	11.267	2.310	0.085
X1059	18	8.793	0.022	1.548

由表 3-3 可知，该储层岩心启动压力梯度符合如下规律：渗透率越低的岩心启动压力梯度越大；随岩心渗透率的增加，启动压力梯度降低越显著。

根据实验结果，绘制 15 块岩心启动压力梯度与渗透率关系曲线，如图 3-10 和图 3-11 所示。

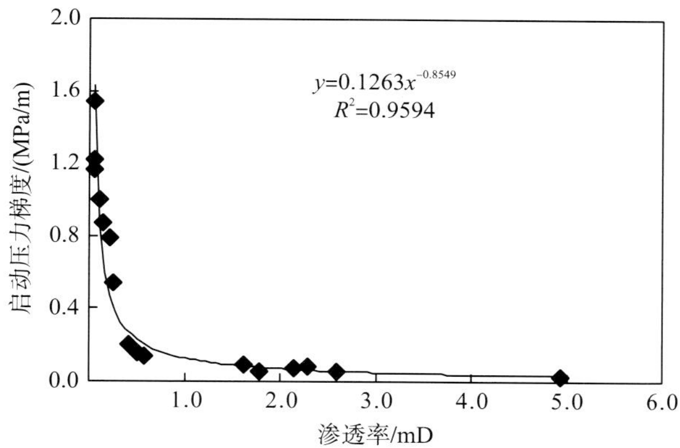

图 3-10　直角坐标启动压力梯度与渗透率关系

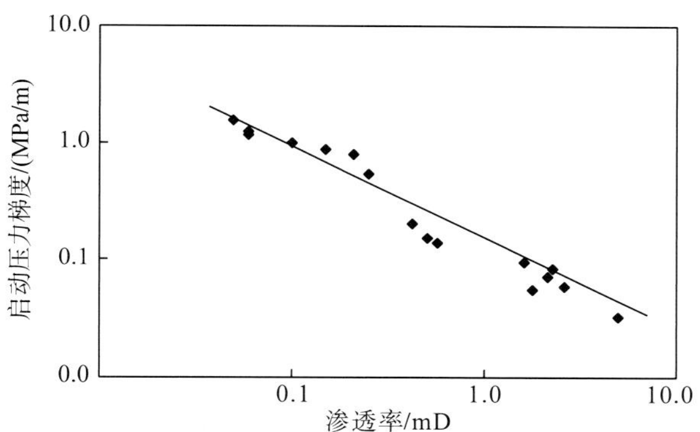

图 3-11　双对数坐标启动压力梯度与渗透率关系

由图 3-10 可见，低渗透储层的启动压力梯度随储层渗透率改变而改变，启动压力梯度表现为随储层渗透率的减小而增加；储层渗透率越高，启动压力梯度越小，而且成幂指数关系变化。由图 3-11 可见，在双对数坐标上储层渗透率与其启动压力梯度之间满足线性关系。

结合表 3-4～表 3-6，图 3-12～图 3-14 可见：在流量比较大时，这些点呈线性关系，而在流量较低(一般低于 0.005mL/min)时，测试的实验点连线开始呈现非线性关系，这是低速非达西渗流状态。拟合虚线段与横坐标轴的交点就是一般要测试的拟启动压力梯度。

表 3-4　X1064 井 19 号岩心启动压力梯度测试结果

压力/MPa	压力梯度/(MPa/m)	流量/(mL/m)
0.013	0.240	0.0001
0.040	0.785	0.0001

续表

压力/MPa	压力梯度/(MPa/m)	流量/(mL/m)
0.080	1.545	0.0003
0.215	4.300	0.0020
0.375	7.509	0.0041
0.427	8.535	0.0047

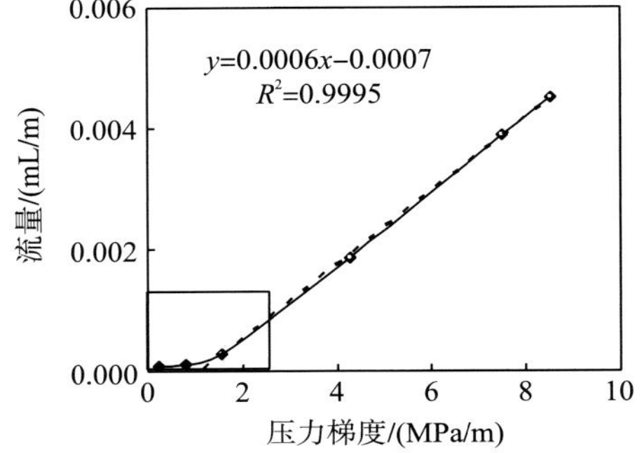

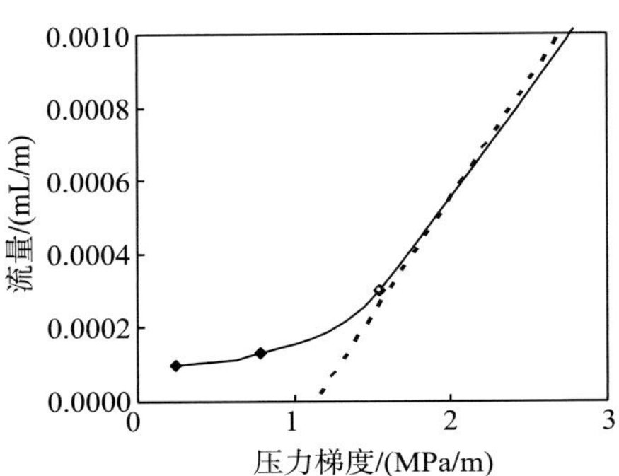

图 3-12　X1064 井 19 号岩心压力梯度与流量关系曲线

表 3-5　X1028 井 5 号岩心启动压力梯度测试结果

压力/MPa	压力梯度/(MPa/m)	流量/(mL/m)
0.014	0.300	0.0068
0.070	1.425	0.0214
0.134	2.707	0.0405
0.285	5.730	0.0863
0.358	7.215	0.1067
0.640	12.790	0.1925

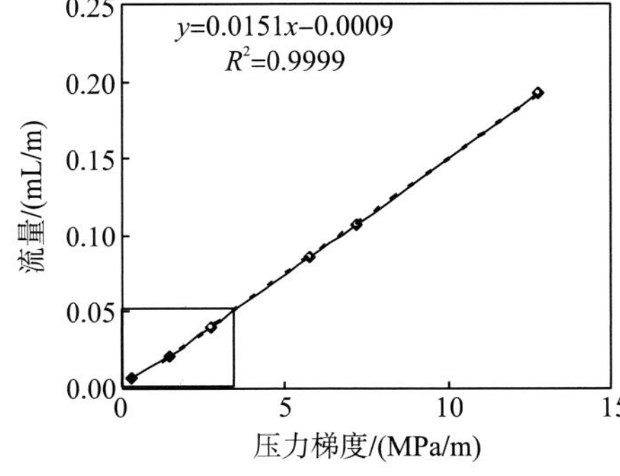

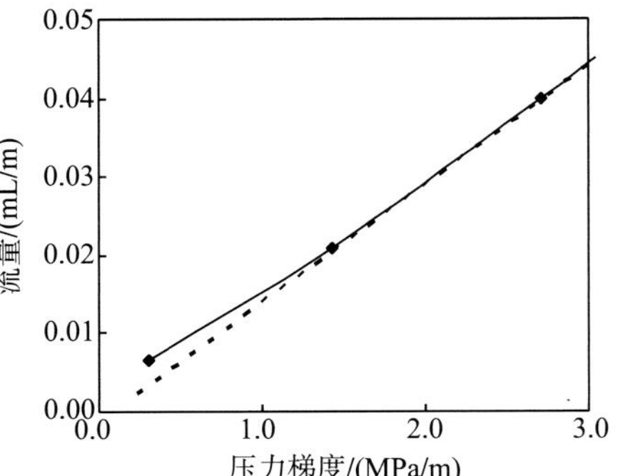

图 3-13　X1028 井 5 号岩心压力梯度与流量关系曲线

表 3-6　X1059 井 10 号岩心启动压力梯度测试结果

压力/MPa	压力梯度/(MPa/m)	流量/(mL/m)
0.008	0.160	0.0084
0.075	1.449	0.0508
0.105	2.050	0.0711
0.185	3.678	0.1255
0.245	4.942	0.1704
0.359	7.230	0.2466
0.404	8.090	0.2795

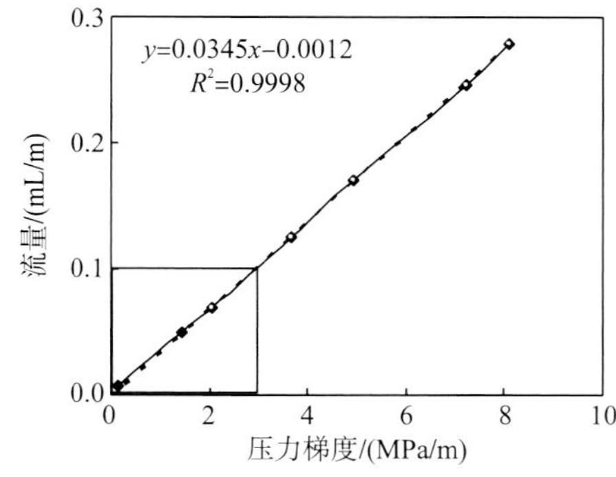

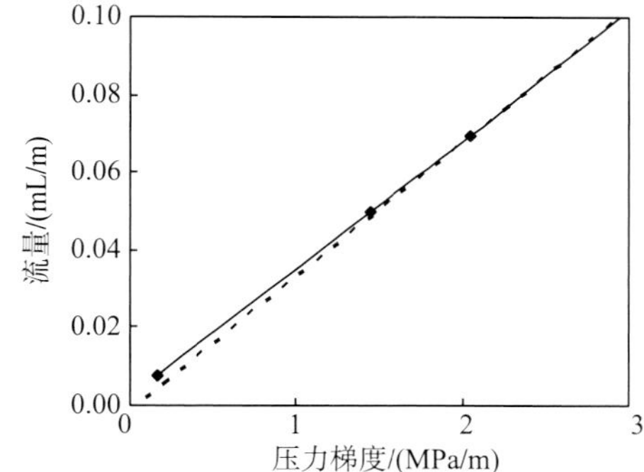

图 3-14　X 1059 井 10 号岩心压力梯度与流量关系曲线

2. 延长组长 2 油层启动压力梯度实验

延长组长 2 油层启动压力梯度测试实验结果见表 3-7。图 3-15～图 3-19 是不同渗透率岩样的压力梯度渗流曲线。

表 3-7　启动压力梯度测试实验结果

编号	样号	长度/cm	直径/cm	密度/(g/cm³)	孔隙度/%	渗透率/mD	启动压力梯度/(MPa/m)
1	坪 130-1-1	5.399	2.491	2.645	13.973	11.739	0.0022
2	坪 130-1-7	5.278	2.487	2.646	13.270	3.987	0.0096
3	杏 1059-7	5.830	2.490	2.635	13.283	6.192	0.0053
4	坪 128-1-16	5.696	2.490	2.642	14.832	8.524	0.0035

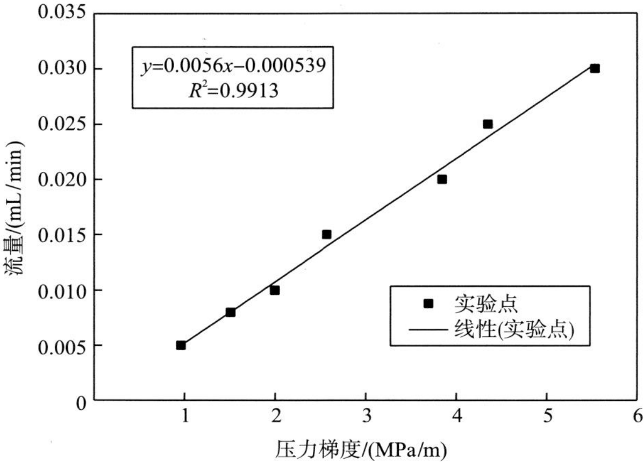

图 3-15　渗透率为 3.987mD 启动压力渗流曲线

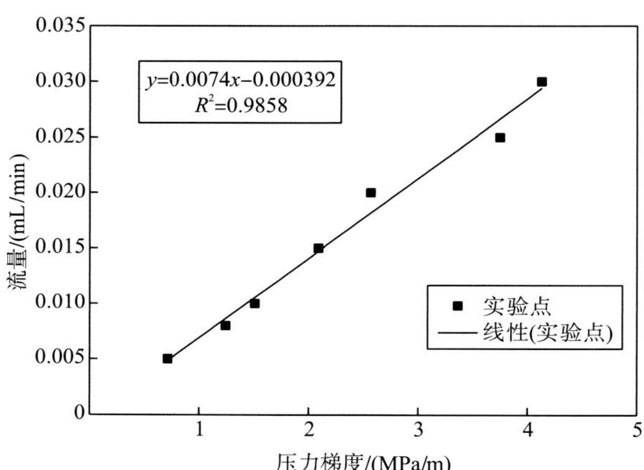

图 3-16　渗透率为 6.192mD 启动压力渗流曲线

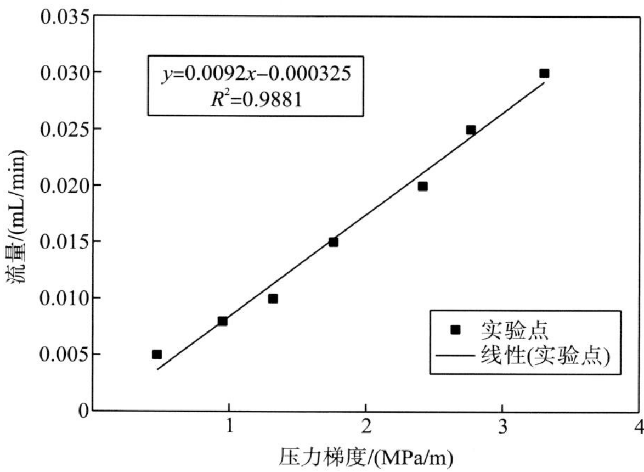

图 3-17　渗透率为 8.524mD 启动压力渗流曲线

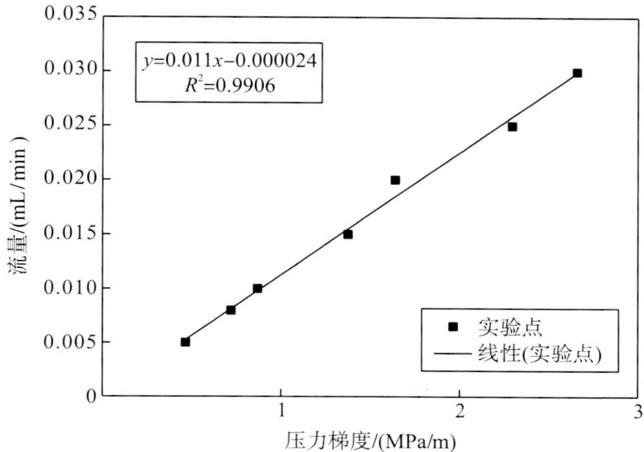

图 3-18　渗透率为 11.739mD 启动压力渗流曲线

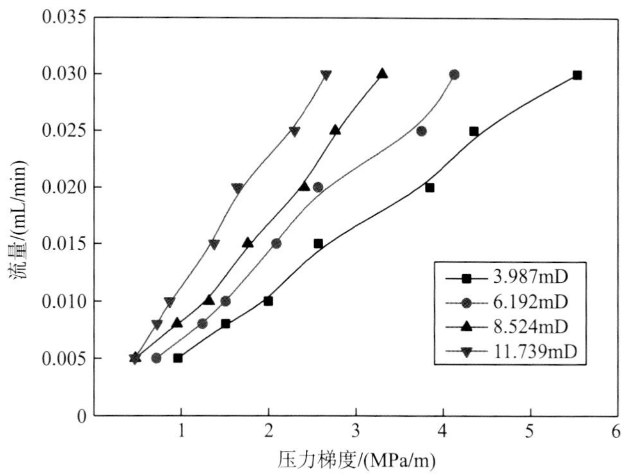

图 3-19　不同渗透率岩心启动压力渗流曲线

由表 3-7 可知，岩心渗透率越高，启动压力梯度越低，而且这种规律分布非常明显。岩心渗透率由 3.987mD 增加到 11.739mD，启动压力梯度由 0.0096MPa/m 急剧降低到 0.0022 MPa/m。可以看出，随着流量增加，流体通过岩样所需的压力梯度逐渐增加，且岩样渗透率越低，所需压力梯度越大。

图 3-20 给出了启动压力梯度与渗透率关系曲线，可以看出，随着渗透率减小，启动压力梯度逐渐增大。当渗透率为 11.739mD 时，启动压力梯度为 0.0022MPa/m，而当渗透率下降到 3.987mD 时，启动压力梯度则逐渐增加到 0.0096MPa/m。为此应根据储层渗透率的高低合理地选择储层注入压力梯度。

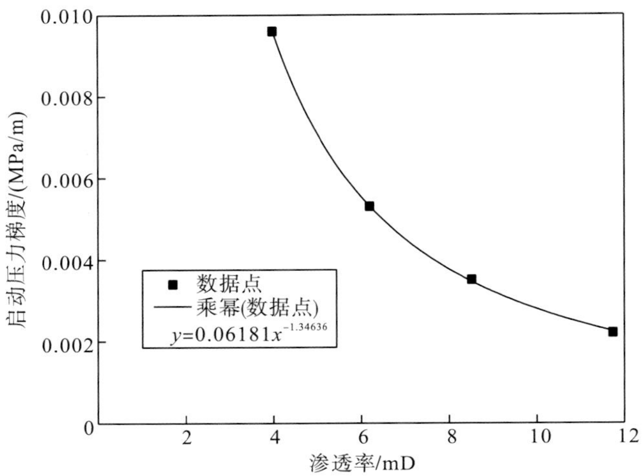

图 3-20　启动压力梯度与渗透率关系曲线

由以上延长组低渗透油藏长 6 和长 2 油层启动压力梯度的实验结果可知，当渗透率低为 0.513mD 时，启动压力梯度高达 0.1490MPa/m，当渗透率高为 11.739mD 时，启动压力梯度为 0.0022MPa/m。因此，在基质系统中必须考虑启动压力梯度，在裂缝系统中不需要考虑启动压力梯度影响。延长组长 6 油藏注采井网井排距小于 150m 是合理的。

3.4　岩心油水渗流驱替研究

3.4.1　实验原理

非稳态法基于水驱油理论(即 Buckley-Leverett 前沿推进理论)之上，在水驱油时，油、水饱和度在岩石中的分布呈现为水驱油时间和距离的函数。同时油、水在孔隙介质中的渗流能力(即油水的相渗透率)也随饱和度分布的改变而改变，此时油、水在岩石任一横断面上的流量也随时间而变化。若需计算出两相相对渗透率随饱和度的变化关系，只需在水驱油过程中进行恒压差或者恒速度水驱实验。油、水饱和度的大小及分布随时间和距离而变化，驱替过程呈现非稳态过程，故该方法被称为非稳态法。

3.4.2　试剂与仪器

实验装置为一维岩心驱替实验装置；采用岩心类型为天然岩心；实验用水为延长油田化子坪区块地层水，该地区地层水矿化度为 65541mg/L。实验温度为 50℃。

本实验采用岩心选取上述三口井，每口井各选具有代表性的天然岩心 2 块，总共 6 块岩心；该 6 块岩心的基础物性参数详见表 3-8。

表 3-8　油水渗流驱替实验所用 6 块岩心基础物性参数

编号	样号	长度/cm	直径/cm	密度/(g/cm^3)	孔隙度/%	渗透率/mD
1	X1028-19	5.610	2.487	2.675	16.504	3.556
2	X1064-10	5.870	2.485	2.650	16.060	5.416
3	X1059-18	5.420	2.485	2.619	13.712	8.610
4	X1059-3	5.305	2.475	2.632	14.035	16.517
5	X1028-10	5.650	2.475	2.655	16.265	25.044
6	X1064-16	5.690	2.490	2.635	15.120	29.262

3.4.3　实验方法

1) 饱和岩心及安装

将岩心清洗并烘干后称量出干重，抽真空饱和地层水 48h，称岩心湿重，计算岩心的孔隙度。渗流驱替实验注入水采用该油田的地层水。在装岩心时，首先安装岩心夹持器的出口柱塞，再用浸入法把岩心装入夹持器，使岩心浸没在地层水中，装入岩心之后，接上入口柱塞，最后将装好岩心的岩心夹持器接入驱替实验装置中。

2) 建立束缚水

采用 ISCO-100DX 型高压高精密驱替泵进行油驱水，驱替至无水采出为止，计量驱出水总量，并计算束缚水饱和度。

3) 水驱油

利用 ISCO-100DX 型高压高精密驱替泵进行水驱油，测量驱替过程中流出的水和油的量，至无油采出为止，计算残余油饱和度。

3.4.4　实验结果及分析

1. 油水相渗曲线特征分析

实验结果等数据如表 3-9 所示。

表 3-9　油水相渗曲线特征参数

编号	样号	渗透率/mD	束缚水饱和度/%	油水两相共渗区跨度/%	油水两相交点饱和度/%	残余油饱和度/%	最终采收率/%
1	X1028-19	3.556	38.34	32.14	58.44	31.49	49.51
2	X1064-10	5.416	34.94	34.40	58.62	28.68	55.59
3	X1059-18	8.610	34.55	41.32	62.29	27.65	58.77
4	X1059-3	16.517	33.26	42.99	60.73	24.78	63.88
5	X1028-10	25.044	30.42	42.66	63.74	22.02	69.32
6	X1064-16	29.262	28.81	46.44	66.56	21.80	70.09

由表 3-9 岩心实验数据可知：随着渗透率降低，束缚水饱和度和残余油饱和度升高，两相流动区变窄，油水两相交点饱和度下降，最终采收率下降。

1) 两相共渗区跨度

渗透率与两相共渗区跨度的关系如图 3-21 所示。

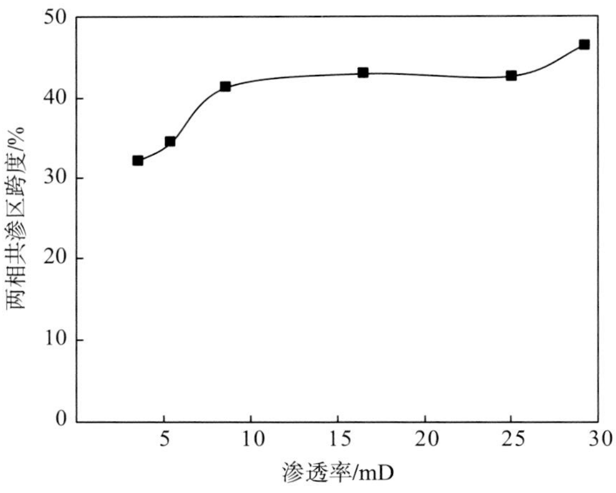

图 3-21　渗透率与两相共渗区跨度的关系

由图 3-21 可见，两相共渗区跨度随渗透率降低而减小。渗透率逐渐减小，两相跨度由 46.44%减少到 32.14%，减小幅度为 30.79%。

2) 油水两相交点饱和度(等渗点含水饱和度)

渗透率与等渗点含水饱和度的关系如图 3-22 所示。

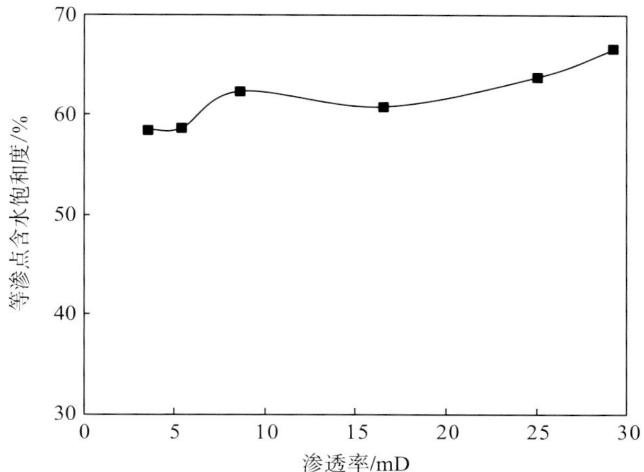

图 3-22　渗透率与等渗点含水饱和度的关系

由图 3-22 可见，渗透率逐渐降低，等渗点含水饱和度逐渐从 66.56%减小到 58.44%，下降幅度为 12.20%。储层的岩心等渗点饱和度都大于 50%，说明岩心是弱亲水或亲水的。

3) 束缚水饱和度

渗透率与束缚水饱和度的关系如图 3-23 所示。

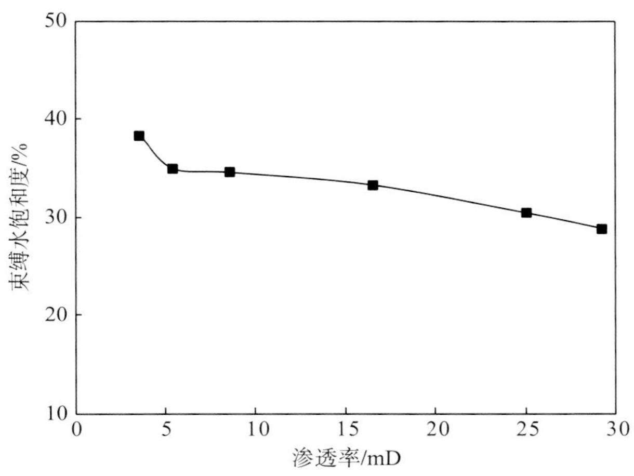

图 3-23　渗透率与束缚水饱和度的关系

由图 3-23 可知，束缚水饱和度随渗透率的变大而降低。随着渗透率增加，束缚水饱和度由 38.34%减小到 28.81%，减小幅度为 24.86%。

4) 残余油饱和度

渗透率与残余油饱和度的关系如图 3-24 所示。

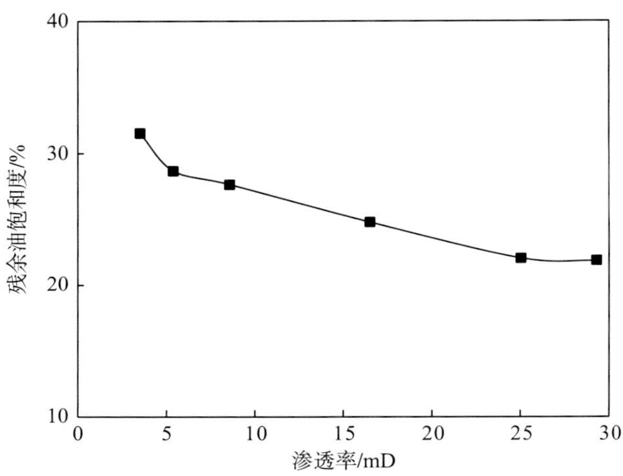

图 3-24　渗透率与残余油饱和度的关系

由图 3-24 可见，残余油饱和度随渗透率的变大而降低，基本满足对数关系。随着渗透率变大，残余油饱和度由 31.49%减小到 21.80%，减小幅度为 30.77%。

5) 油水相渗曲线分析

不同渗透率岩心相对渗透率曲线如图 3-25～图 3-31 所示。

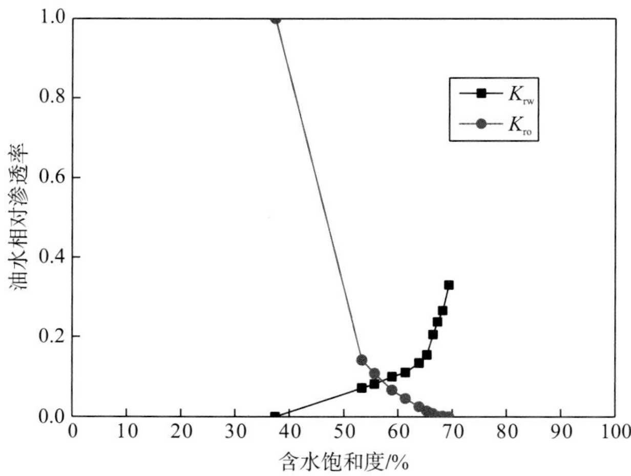

图 3-25　X1028-19 岩心相对渗透率曲线

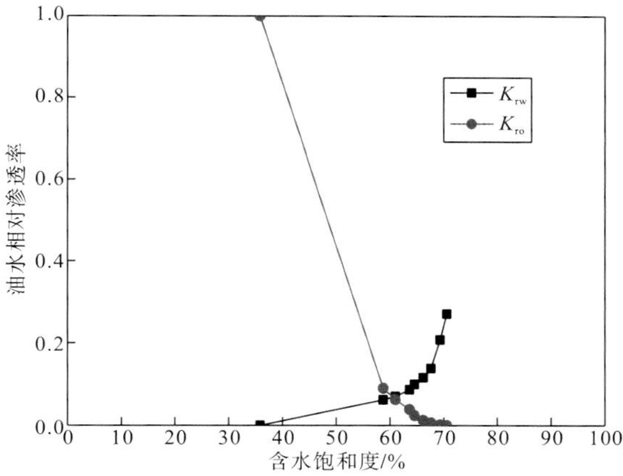

图 3-26 X1064-10 岩心相对渗透率曲线

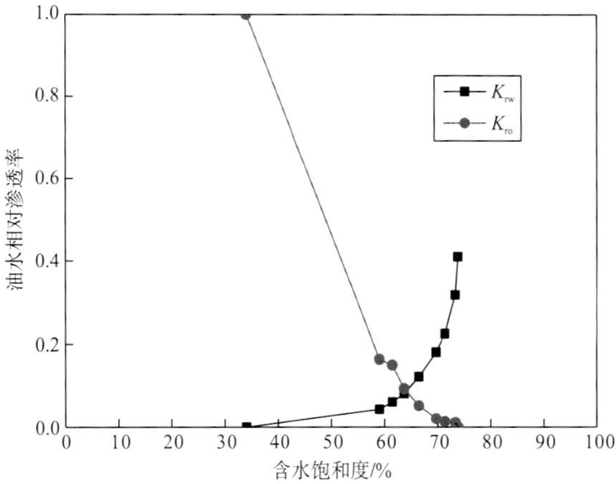

图 3-27 X1059-18 岩心相对渗透率曲线

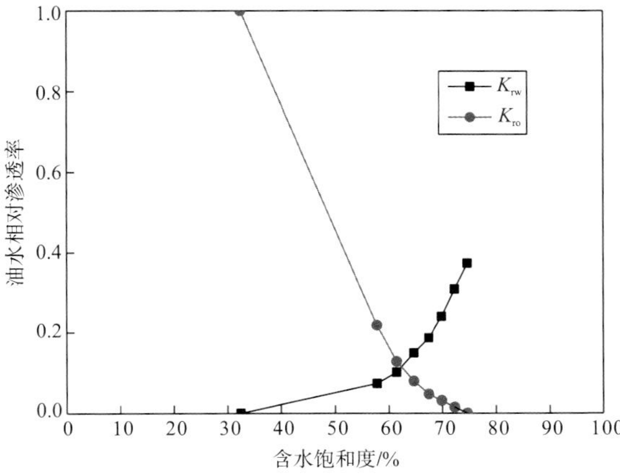

图 3-28 X1059-3 岩心相对渗透率曲线

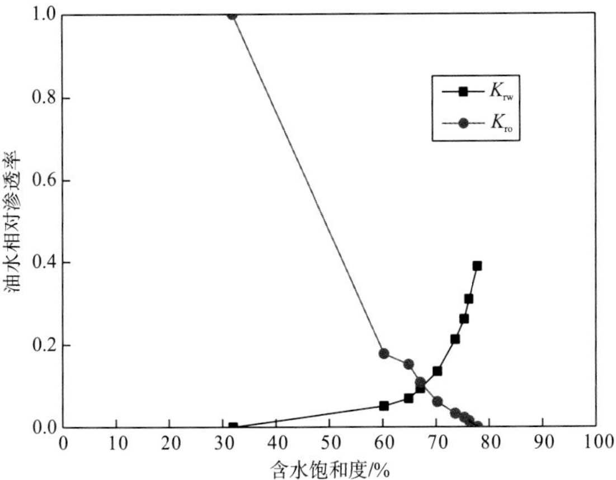

图 3-29　X1028-10 岩心相对渗透率曲线

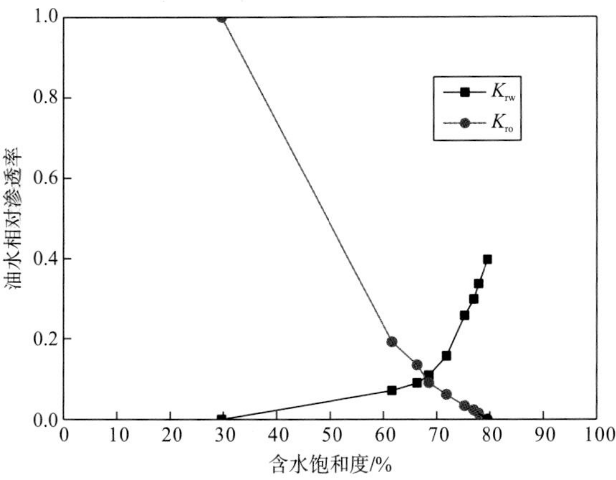

图 3-30　X1064-16 岩心相对渗透率曲线

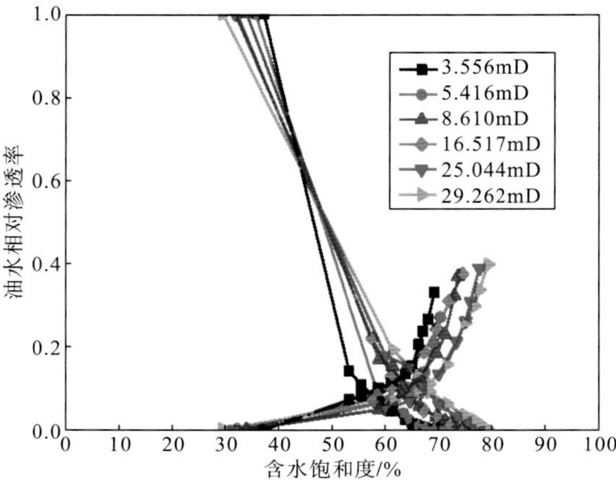

图 3-31　不同渗透率岩心的相对渗透率曲线

由图 3-31 可见，从岩心的油水两相相对渗透率曲线的形态来看，水相相渗曲线主要走势为 $\xi_D \leqslant r \leqslant L$ 分布形态，当含水饱和度小于 50%时，水相渗透率随含水饱和度的增加而逐渐增加；当含水饱和度大于 50%时，水相渗透率随含水饱和度的增加而快速增加。而直线形的相渗曲线意味着随含水饱和度增加，油相相对渗透率迅速下降，水相相对渗透率快速增长。

2. 驱油效果分析

6 块岩心水驱油效率实验结果如表 3-10 所示。

表 3-10　岩心水驱油效率实验结果

编号	样号	渗透率/mD	原始含油饱和度/%	残余油饱和度/%	最终采收率/%
1	X1028-19	3.556	62.37	31.49	49.51
2	X1064-10	5.416	64.58	28.68	55.59
3	X1059-18	8.610	67.06	27.65	58.77
4	X1059-3	16.517	68.60	24.78	63.88
5	X1028-10	25.044	71.77	22.02	69.32
6	X1064-16	29.262	72.89	21.80	70.09

由表 3-10 可知，随着岩心渗透率下降，最终采收率缓慢变小，渗透率由 29.262mD 变小到 3.556mD，最终采收率由 70.09%变小到 49.51%，变小幅度为 29.36%。

各类岩心水驱实验对比数据如表 3-11 所示。

表 3-11　各岩心水驱油实验结果对比

编号	样号	渗透率/mD	初始见水后				注入孔隙体积 1PV 时		含水 100%	
			注入孔隙体积/PV	含水率/%	对应采出程度/%	对采收率贡献率/%	含水率/%	采出程度/%	采收率/%	对应采收率下注入总的孔隙体积/PV
1	X1028-19	3.556	0.375	77.62	32.23	65.10	95.78	42.13	51.46	5.69
2	X1064-10	5.416	0.421	81.6	39.37	70.82	97.61	46.41	55.57	8.33
3	X1059-18	8.610	0.373	48.31	46.84	79.71	95.84	52.53	58.95	4.26
4	X1059-3	16.517	0.683	48.04	47.74	74.73	93.02	53.35	63.82	6.84
5	X1028-10	25.044	0.886	51.71	52.02	75.04	84.25	55.52	67.93	7.58
6	X1064-16	29.262	0.931	50.27	51.55	73.55	78.69	54.98	66.71	7.70

由表 3-11 可见，岩心驱替实验过程中，当注入孔隙体积为 1PV 时，含水率都在 78%以上，采出程度均达 42%以上。当含水率达到 100%时，渗透率为 5.416mD 的岩心所需的驱替孔隙体积倍数最大，为 8.33PV，而其他渗透率的岩心所需驱替孔隙体积倍数均为 4～8PV。

采出程度、含水率与注入孔隙体积倍数等的关系如图 3-32～图 3-43 所示。

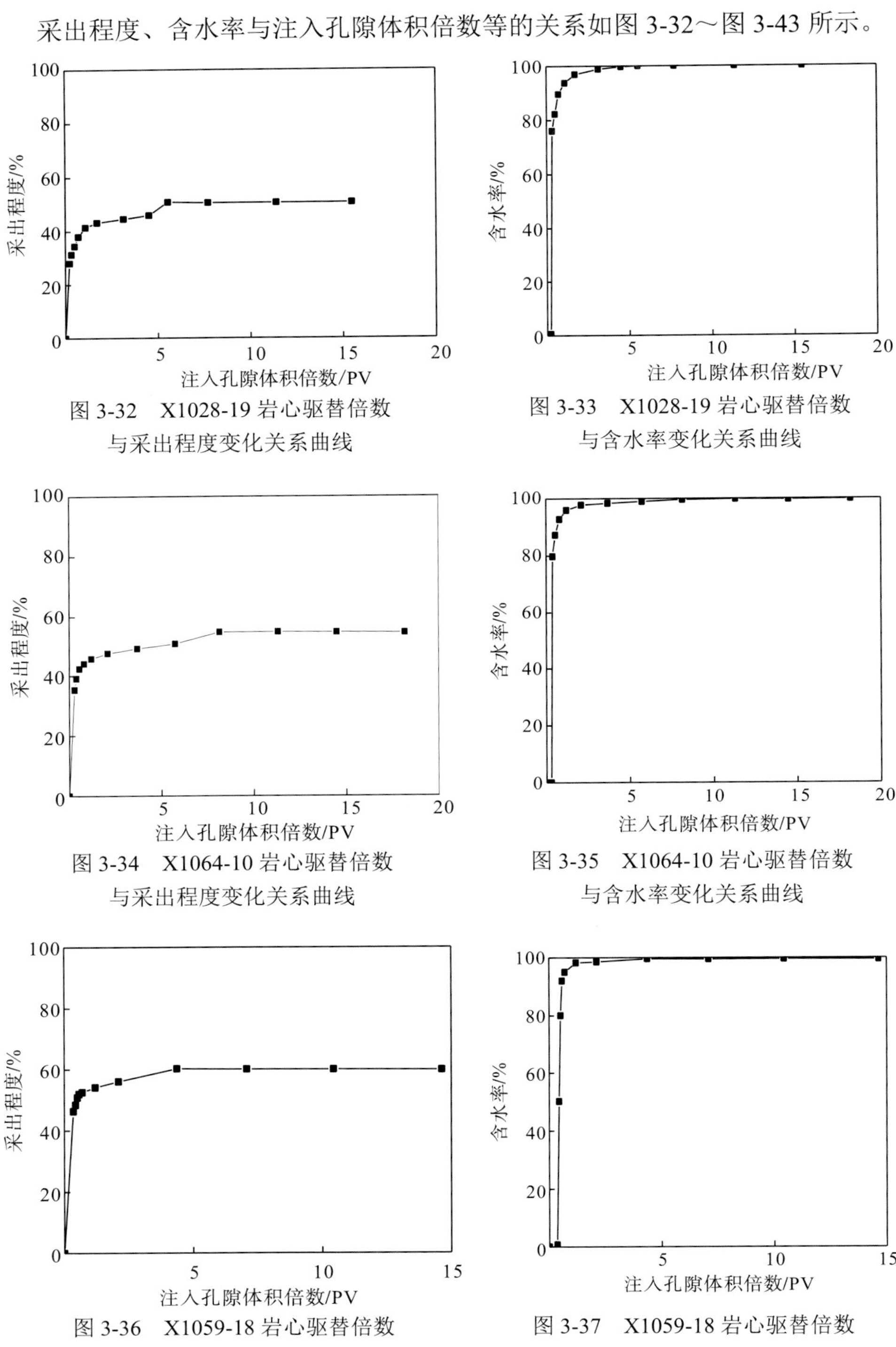

图 3-32　X1028-19 岩心驱替倍数与采出程度变化关系曲线

图 3-33　X1028-19 岩心驱替倍数与含水率变化关系曲线

图 3-34　X1064-10 岩心驱替倍数与采出程度变化关系曲线

图 3-35　X1064-10 岩心驱替倍数与含水率变化关系曲线

图 3-36　X1059-18 岩心驱替倍数与采出程度变化关系曲线

图 3-37　X1059-18 岩心驱替倍数与含水率变化关系曲线

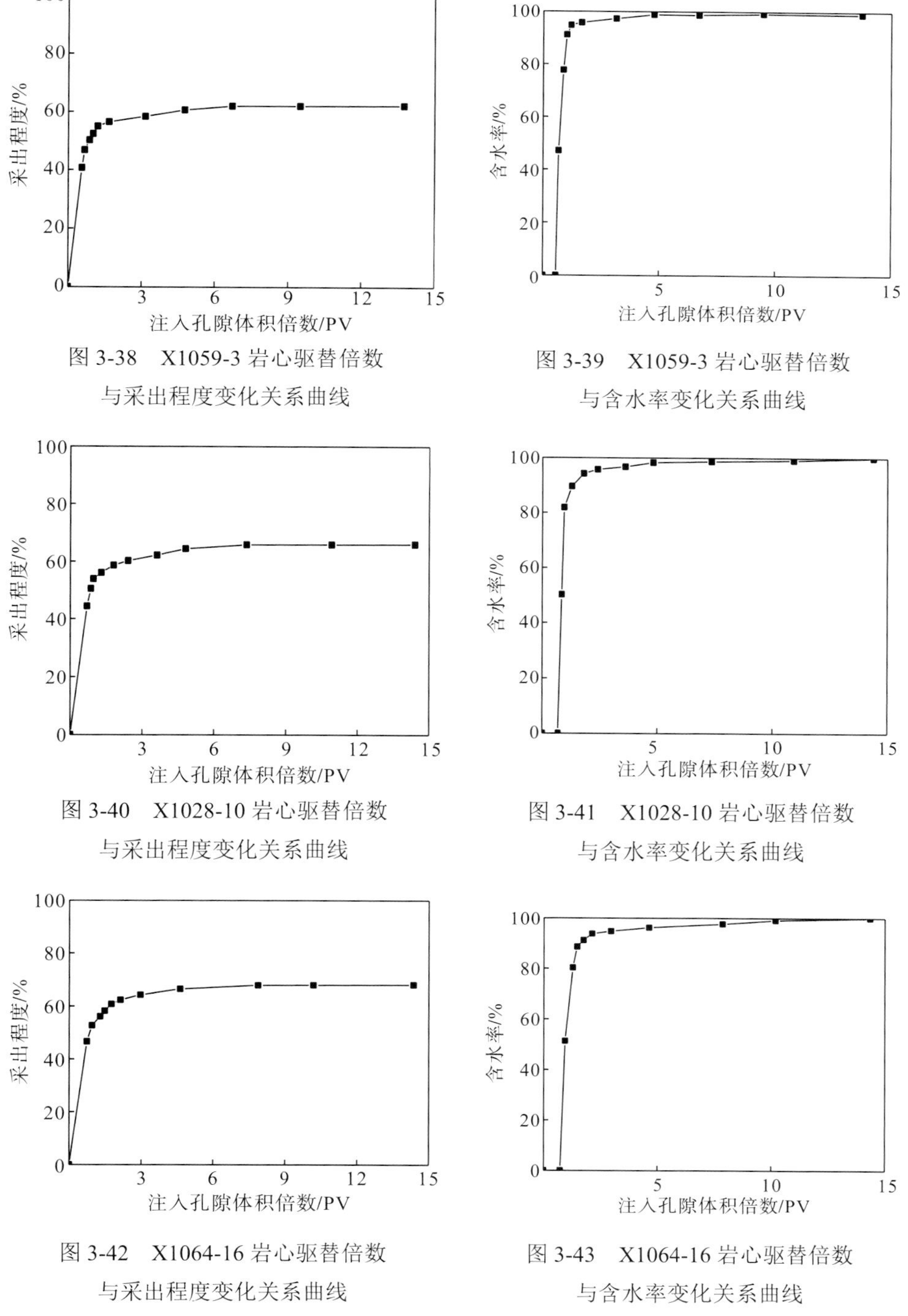

图 3-38　X1059-3 岩心驱替倍数与采出程度变化关系曲线

图 3-39　X1059-3 岩心驱替倍数与含水率变化关系曲线

图 3-40　X1028-10 岩心驱替倍数与采出程度变化关系曲线

图 3-41　X1028-10 岩心驱替倍数与含水率变化关系曲线

图 3-42　X1064-16 岩心驱替倍数与采出程度变化关系曲线

图 3-43　X1064-16 岩心驱替倍数与含水率变化关系曲线

3.5　应力敏感研究

油气藏开采前，储层岩石受到上覆地层压力、孔隙流体压力以及岩石骨架本身支撑力的作用，一般能够保持平衡状态。随着地层流体的不断开采，孔隙流体压力不断降低，导致岩石骨架承受的有效应力增加，从而使岩石的物性参数(孔隙度、渗透率等)随有效应力改变而发生变化，这种现象即为岩石的应力敏感现象。

有效应力是为了计算方便而虚拟的应力概念，它把围压和孔隙流体压力同时作用所产生的效果用等效的应力参数表示出来，从而使问题得到简化。许多研究都表明，随着有效应力的变化，渗透率的变化程度比孔隙度的变化程度要大很多，因此当前的应力敏感性研究均以渗透率的应力敏感性为研究重点。本书采用常规应力敏感实验，综合考虑物性参数、测定方式等因素，选取两块代表性岩心进行渗透率应力敏感实验。

所谓常规应力敏感实验，即采用 SY/T 5358—2010 行业标准《储层敏感性流动实验评价方法》进行实验(表 3-12)，这种方法是采用改变围压的方式来模拟有效应力变化对岩心物性参数的影响。

表 3-12　应力敏感实验测试岩样编号及基本物性参数

序号	岩样号	孔隙度/%	克氏渗透率/($10^{-3}\mu m^2$)
1	P128-1-14	15.01	9.134
2	X1028-3	10.93	1.207
范　围		10.93～15.01	1.207～9.134

3.5.1　实验原理

1923 年，Terzaghi 第一个提出有效应力的概念，其有效应力等于围压和孔隙流体压力的简单差值，表达式为

$$\sigma_{eff} = p_c - p_p \tag{3-1}$$

式中，σ_{eff}是有效应力，MPa；p_c是围压，MPa；p_p是孔隙流体压力，MPa。

在多孔介质的许多学科领域中，Terzaghi 有效应力方程是公认的简单且应用广泛的方法，然而随着有效应力研究的不断发展，人们发现上述 Terzaghi 有效应力方程存在一定不足，有研究表明有效应力并不等于围压与孔隙流体压力的差值，有学者提出一种新方法即在孔隙流体压力前乘以一个系数，即有效应力系数；此外，对于不同的多孔介质，其有效应力系数的大小也是不同的。为了区分不同多孔介质性质的有效应力系数，在有效应力系数前还需要加一个多孔介质的性质，

如渗透率有效应力系数，本书用 α_k 来表示。渗透率随围压和孔隙流体压力的变化关系可用如下关系式表示：

$$k = f(\sigma_{\text{eff}}^k) = f(p_c - \alpha_k p_p) \tag{3-2}$$

式中，k 是渗透率，mD；σ_{eff}^k 是渗透率有效应力，MPa；α_k 是渗透率有效应力系数或 ESCK，无因次量纲。

由式(3-2)就得到如下渗透率有效应力方程的表达式：

$$\sigma_{\text{eff}}^k = p_c - \alpha_k p_p \tag{3-3}$$

渗透率有效应力方程研究的实质就是确定 α_k 的大小，确定了 α_k 以后，就可以根据式(3-3)计算不同围压和孔隙流体压力下的有效应力。

为了从岩石的变形机理上深入认识低渗储层岩石的应力敏感性，本研究按析因设计原理设计实验方案，开展了低渗砂岩岩石渗透率有效应力系数的室内实验测定工作。

3.5.2　实验装置和方案

实验流程图如图 3-44，实验装置照片如图 3-45。实验设备主要由三大部分组成：高压气源生成部分(主要是气源、增压泵和中间容器)、岩心夹持器部分(配套有围压控制系统)和回压控制部分。同时包含三个计量模块，分别为压力测试模块、温度测试模块和流量测试模块。

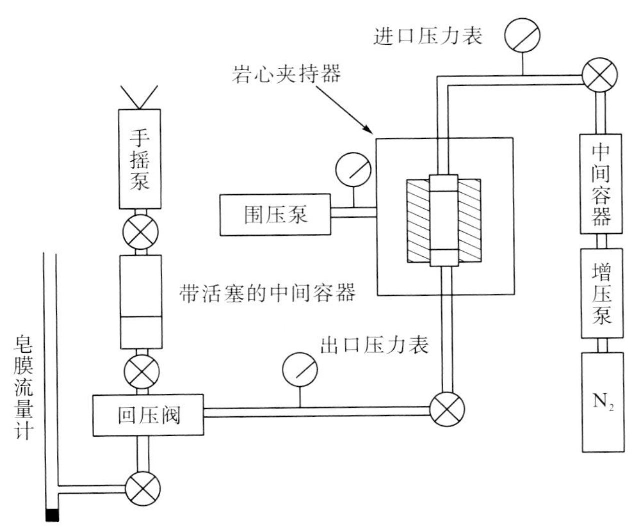

图 3-44　行业标准岩石应力敏感性实验装置

图 3-45　应力敏感性实验装置照片

以高纯氮气(99.99%)为实验流体介质。按照如下两种实验方案开展应力敏感实验(图 3-46)。低压下气体存在滑脱,用氮气做实验会产生克氏效应(滑脱效应),因此,低压下就必须对测得的渗透率进行校正,而在高压下气体滑脱效应几乎不存在,不需要进行克氏校正。

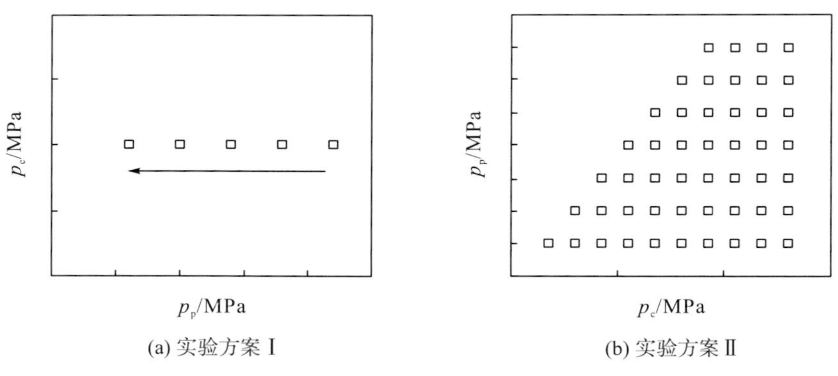

(a) 实验方案 I　　(b) 实验方案 II

图 3-46　应力敏感实验方案设计示意图

此外,按照这两种方案进行应力敏感实验之前,岩样都必须进行老化处理,Bernabe 认为老化处理是非常重要的。老化处理的操作一般是在岩心出口端与大气相连下循环加载和卸载围压,一直到岩样的流动状态达到稳定,老化处理方案按照图 3-47 两种实验方案进行。

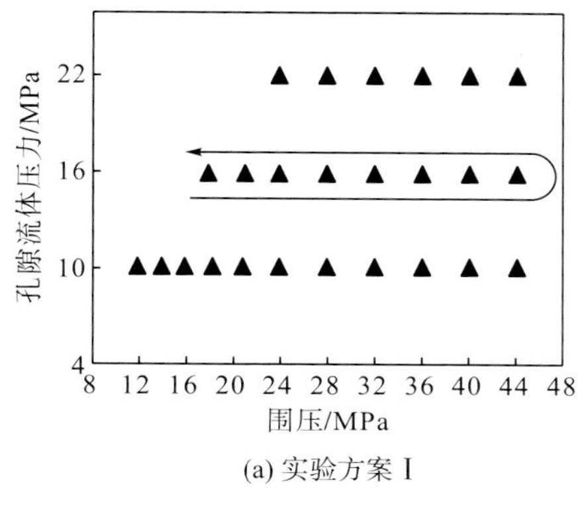

(a) 实验方案 I

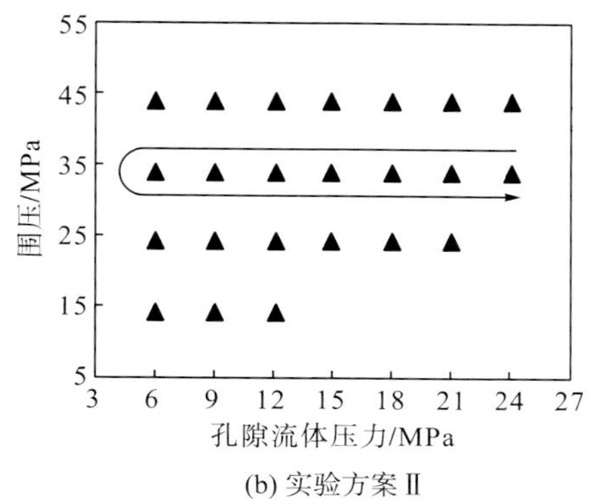

(b) 实验方案 II

图 3-47　化实验方案设计图

图 3-46 不包含围压小于孔隙流体压力的部分，这是因为孔隙中流体压力一般都小于围压。图 3-47(a)实验方案 I 是在一定孔隙流体压力下循环加载和卸载围压完成的，每个循环中孔隙流体压力逐渐降低，不同于 Warpinski 和 Teufel 的设计，随围压的增加，渗透率变化会越来越小，每个循环内加载到高压区后各测点的步长增加了。图 3-47(b)实验方案 II 是在不同围压下循环降低和增加孔隙流体压力下完成的，每个循环的围压逐渐降低，对同一循环内的两个点之间的压力变化步长都是一样的。采用稳态法采集每个测点的渗透率数据，测定渗透率所需的黏度值可以查表得到。

本研究选取的 2 块典型岩心，分别取自长 2 和长 6 油藏进行上述方案渗透率应力敏感性实验，具体实验步骤如下：保持进口压力值不变，缓慢增加围压，使净应力依次为 1.0MPa、3.0MPa、5.0MPa、7.0MPa、9.0MPa、11.0MPa、13.0MPa、15.0MPa；每一压力点持续 30min 后(至稳定)，测岩样气体渗透率；缓慢减小围压，使净应力依次为 15.0MPa、13.0MPa、11.0MPa、9.0MPa、7.0MPa、5.0MPa、3.0MPa、1.0MPa；每一压力点持续 1h 后(至稳定)，测岩样气体渗透率。

3.5.3　实验计算方法

该实验的计算方法采用响应面法进行数据处理分析。该方法是建立一个经验模型，通过拟合实验数据获得模型中描述响应面的系数。存在微裂缝的低渗岩心分析通常采用这种方法，微裂缝的存在破坏了岩石性质的稳定性，在现有的有效应力定律下，描述其内在性质随压力的变化规律非常困难。响应面法不需要用现有的有效应力理论来描述岩石的内在性质，而是用拟合实验数据得到的描述响应面的系数，确定低渗砂岩的 α_k 响应特征。应用响应面方法确定 α_k 的步骤有以下几步。

(1) 用最大似然函数法确定转换因子。转换因子就是转换形式 $k^{(\beta)} = k^{\beta}$ 中的 β，变化范围在区间(−3,+3)上。最大似然函数法考虑到各种测量变量的随机误差，从模型总体随机抽取n组样本观测值后，选取一合适的转换系数β，最合理的参数估计量应该使得从模型中抽取该n组样本观测值的概率最大，而不是像最小二乘估计法旨在得到使得模型能最好地拟合样本数据的参数估计量。

(2)然后用二次曲面拟合转换后的数据，拟合曲面表达式如下：

$$k^{(\beta)} = a_1 + a_2 p_c + a_3 p_p + a_4 p_c^2 + a_5 p_c p_p + a_6 p_p^{\ 2} \tag{3-4}$$

式中，a_i $(i = 1, 2, \cdots, 6)$是拟合系数。

这样就可以得到三维的$k^{(\beta)}$ - p_c - p_p响应面，然后将其转化就得到k - p_c - p_p响应面。

(3)回归系数显著性检验是检验某些回归系数是否为零的假设检验。考虑线性回归模型不失一般性，可假定要检验后k个$(1 \leqslant k \leqslant p)$回归系数是否为零。一般用统计量$F$即回归均方与误差均方的比值去检验，Box建议使用测试统计量F来评估拟合效果。如果计算的回归系数大于T分布表中的相应值，则回归系数显著不等于零。这意味着与回归系数相对应的变量对于因变量是显著的。

(4)结合拟合得到的二次曲面，用Bernabe的计算式计算α_k，计算式如下：

$$\alpha_k = -\frac{\dfrac{\partial k}{\partial p_p}}{\dfrac{\partial k}{\partial p_c}} = -\frac{a_3 + a_5 p_c + 2a_6 p_p}{a_2 + 2a_4 p_c + a_5 p_p} \tag{3-5}$$

根据式(3-5)就可以计算得到渗透率有效应力定律中的渗透率有效应力系数，从而就确定了渗透率有效应力方程。

3.5.4　实验结果及分析

按照上述实验步骤对所选2个样品每一个样品都依次做了两个循环的老化实验，得到的实验结果见表3-13，表3-14，同时做出渗透率随净应力变化的曲线，如图3-48，图3-49所示。

表3-13　P128-1-14岩样渗透率随净应力变化关系

序号	净应力/MPa	气体视渗透率/($10^{-3}\mu m^2$)	序号	净应力/MPa	气体视渗透率/($10^{-3}\mu m^2$)
1	0.81	8.829944	16	0.82	7.54677
2	2.81	7.659603	17	2.82	6.06480
3	4.81	6.714329	18	4.82	5.30910
4	6.81	5.641785	19	6.82	4.51800
5	8.81	4.686201	20	8.82	3.82200

续表

序号	净应力/MPa	气体视渗透率/($10^{-3}\mu m^2$)	序号	净应力/MPa	气体视渗透率/($10^{-3}\mu m^2$)
6	10.81	3.855753	21	10.82	3.35808
7	12.81	2.994732	22	12.82	2.937141
8	14.81	2.262047	23	14.82	2.237162
9	12.81	2.782143	24	12.82	2.782143
10	10.81	3.46257	25	10.82	3.273444
11	8.81	4.058726	26	8.82	3.665561
12	6.81	4.91968	27	6.82	4.079363
13	4.81	5.84939	28	4.82	4.627544
14	2.82	6.67128	29	2.82	5.172881
15	0.82	7.54677	30	0.82	5.884947

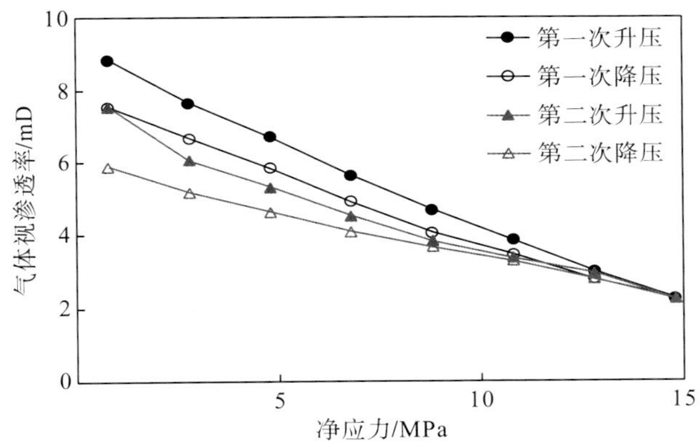

图 3-48　P128-1-14 渗透率与净应力关系

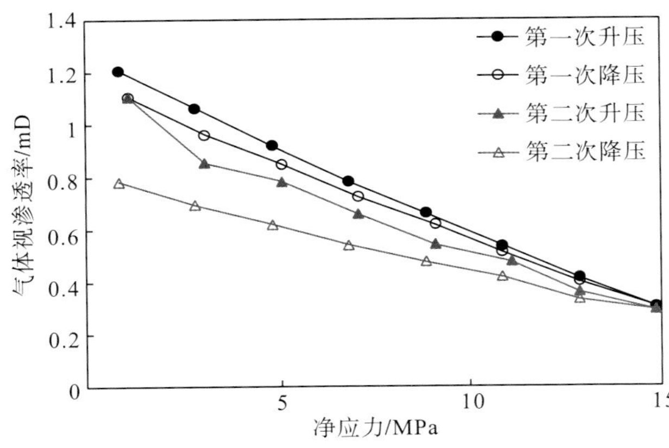

图 3-49　X1028-3 渗透率与净应力关系

表 3-14　X1028-3 岩样渗透率随净应力变化关系

序号	净应力/MPa	气体视渗透率/($10^{-3}\mu m^2$)	序号	净应力/MPa	气体视渗透率/($10^{-3}\mu m^2$)
1	0.86	1.20835	16	1.11	1.10735
2	2.86	1.06326	17	3.11	0.85584
3	4.86	0.92048	18	5.11	0.78484
4	6.86	0.78386	19	7.11	0.65961
5	8.86	0.66297	20	9.11	0.54383
6	10.86	0.53900	21	11.11	0.47883
7	12.86	0.41800	22	12.86	0.36360
8	14.86	0.30624	23	14.86	0.29377
9	12.86	0.40250	24	12.86	0.33376
10	11.36	0.51553	25	10.86	0.42003
11	9.11	0.62025	26	8.86	0.47898
12	7.11	0.72536	27	6.86	0.54267
13	5.11	0.84928	28	4.86	0.62164
14	3.11	0.96198	29	2.86	0.69594
15	1.11	1.10735	30	0.86	0.78465

从表 3-13、表 3-14、图 3-48 和图 3-49 中可以看出，渗透率随着净应力升高而降低，随着净应力的降低而恢复，但并不能恢复到原来所对应的大小。

在实验初期，净应力逐渐增大，导致渗透率极速减小，随着实验进行，净应力达到某一固定值，岩石性质逐渐稳定，渗透率减小速度也逐渐变缓。产生这种规律的原因是当岩石受到一定压力时，岩石受到挤压，裂缝逐渐缩小直至关闭，这种变化会导致岩石渗透率陡然下降；随着压力的继续增加，岩石中的孔隙也开始收缩，使渗透率缓慢下降，当岩石受力逐渐达到平衡时，随着压力的增长，裂缝和孔隙的形状将不会发生变化，此时，渗透率变化幅度更加微弱。

净应力逐渐降低，样品的渗透率也会增长，但由同一样品的相同净应力值的渗透率，加压过程测得的渗透率明显大于减压过程中测得的渗透率。研究人员经过实验获得的渗透率滞后现象是因为样品的微裂缝在加载过程中逐渐关闭。当卸载时，这些微裂缝不能立即打开和恢复，表明储层岩石受到净应力后内部岩石结构发生了变化。低有效应力下一般变形方式为线弹性变形，当有效应力逐渐增大时，对岩石渗透率损害逐步变为不可逆的非线性弹性或弹塑性变形；在高有效应力下，这种变形逐渐以弹塑性变形为主。由此说明由滞后效应对渗透率损害几乎为永久性伤害，一般情况下没有办法弥补这种渗透率损害。

第二次升围压时的渗透率比第一次升围压时的渗透率小，说明存在加载历史效应，且第二个回路的渗透率更趋于稳定。

常规应力敏感性实验是在孔隙流体压力几乎为零的条件下进行实验的，因此实验中采用的净应力就等于其岩样所受的有效应力，也就是说上面的净应力与渗透率的关系曲线可以看成是有效应力与渗透率的关系曲线，反映了长 2 储层渗透率随有效应力的变化关系曲线。

3.5.5　渗透率与围压关系

为了分析视渗透率和围压之间的关系，根据前人的经验和结论，在岩样升压和降压时分别运用指数关系、对数关系、乘幂关系和二次多项式对所得实验数据进行拟合，指数关系、对数关系、乘幂关系和二次多项式的表达式如下。

(1) 指数关系：

$$k = a_1 \exp(b_1 p_i) \tag{3-6}$$

(2) 对数关系：

$$k = a_2 \ln p_i + b_2 \tag{3-7}$$

(3) 乘幂关系：

$$k = a_3 p_i^{b_3} \tag{3-8}$$

(4) 二次多项式：

$$k - a_4 p_i^2 + a_5 p_i + b_4 \tag{3-9}$$

式中，k 为视渗透率大小，a_i、b_i 是拟合系数，p_i 为围压大小。

通过一定的拟合分析以后得到各个 a_i、b_i 值大小及参数方程的相关系数 R^2，其结果如表 3-15～表 3-18 所示。

表 3-15　第一次升压情况下围压和视渗透率拟合数据表

样号	指数关系			对数关系			乘幂关系			二次多项式			
	a_1	b_1	R^2	a_2	b_2	R^2	a_3	b_3	R^2	a_4	a_5	b_4	R^2
P128-1-14	10.272	−0.096	0.9836	−2.2510	9.3022	0.891	10.37	−0.429	0.7684	0.0074	−0.5842	9.2897	0.9998
X1028-3	1.4274	−0.096	0.9770	−0.3130	1.2946	0.8856	1.4598	−0.435	0.7582	0.0007	−0.0753	1.2719	0.9999

表 3-16　第一次降压情况下围压和视渗透率拟合数据表

样号	指数关系			对数关系			乘幂关系			二次多项式			
	a_1	b_1	R^2	a_2	b_2	R^2	a_3	b_3	R^2	a_4	a_5	b_4	R^2
P128-1-14	8.5701	−0.087	0.9926	−1.855	7.9703	0.8942	8.7429	−0.395	0.7946	0.0079	−0.5079	8.0117	0.9990
X1028-3	1.3164	−0.091	0.9786	−0.305	1.2457	0.9045	1.4536	−0.453	0.787	0.0006	−0.0669	1.1749	0.9995

表 3-17　第二次升压情况下围压和视渗透率拟合数据表

样号	指数关系			对数关系			乘幂关系			二次多项式			
	a_1	b_1	R^2	a_2	b_2	R^2	a_3	b_3	R^2	a_4	a_5	b_4	R^2
P128-1-14	7.5625	−0.077	0.9906	−1.581	7.1815	0.9044	7.7455	−0.356	0.8086	0.0074	−0.4407	7.2255	0.9977
X1028-3	1.1666	−0.088	0.9791	−0.268	1.1141	0.9003	1.2871	−0.437	0.7932	0.0005	−0.0587	1.0519	0.9963

表 3-18　第二次降压情况下围压和视渗透率拟合数据表

样号	指数关系			对数关系			乘幂关系			二次多项式			
	a_1	b_1	R^2	a_2	b_2	R^2	a_3	b_3	R^2	a_4	a_5	b_4	R^2
P128-1-14	6.3356	−0.066	0.9873	−1.211	6.105	0.9006	6.4659	−0.302	0.8063	0.0035	−0.3052	6.0611	0.9968
X1028-3	0.8627	−0.071	0.9904	−0.172	0.8282	0.894	0.8887	−0.329	0.8043	0.0005	−0.0433	0.8192	0.9983

从表 3-15～表 3-18 中的相关系数可以看出，二次多项式关系拟合效果相对而言最为理想，相关系数都在 99%以上，最高达到 99.99%。下面给出第二循环升压和降压过程中围压和视渗透率所满足的对数关系(详见表 3-19)，其中，y 表示渗透率(单位：mD)，x 表示围压(单位：MPa)。所开展实验的两个样品的克氏渗透率和围压的关系与视渗透率和围压的关系基本一致，都具有很好的对数二次多项式关系。

表 3-19　第二循环中围压和视渗透率的二次多项式关系式

岩样号	升围压		降围压	
	拟合关系式	相关系数	拟合关系式	相关系数
P128-1-14	$y = 0.0074x^2-0.4407x+7.2255$	0.9977	$y = 0.0035x^2-0.3052x+6.0611$	0.9968
X1028-3	$y = 0.0005x^2-0.0587x+1.0519$	0.9963	$y = 0.0005x^2-0.0433x+0.8192$	0.9983

3.5.6　应力敏感性评价

下面针对低渗透储层的应力敏感问题，采用当前业界认可度最高的应力敏感系数方法对这 2 块实验样品的应力敏感实验结果进行渗透率应力敏感性评价。应力敏感系数法是通过式(3-10)对测定的实验数据进行处理，得到岩心的应力敏感系数，然后根据表 3-20 的评价标准对岩心进行敏感程度评价。其表达式如下：

$$\sqrt[3]{k_i / k_0} = 1 - S_s \lg(\sigma_i / \sigma_0) \tag{3-10}$$

式中，k_0 和 k_i 分别为初始测试点和净应力为 σ_i 时对应的样品渗透率，mD；σ_0 和 σ_i 分别为初始测试点和其他测试点的净应力大小，MPa；S_s 为渗透率应力敏感系数。

表 3-20　应力敏感系数评价标准

应力敏感系数	$S_s \leq 0.30$	$0.30 < S_s \leq 0.70$	$0.70 < S_s \leq 1.0$	$S_s > 1.0$
敏感程度	弱	中等	强	极强

从式(3-10)的应力敏感系数表达式可以看出，若以$(k_i / k_0)^{1/3}$为纵坐标，以$\lg(\sigma_i / \sigma_0)$为横坐标，理论上实验点应成一直线，其斜率即为应力敏感系数S_s。应力敏感系数是对整个加载过程中渗透率变化行为的综合评述，比选单一应力敏感点的评价更为全面，且易于在不同样品中进行对比分析；和其他应力敏感指标相比，应力敏感系数具有整体性和唯一性特点，符合数据处理的统计要求，所以应力敏感系数从整体上反映了岩样的应力敏感性的强弱；另外，应力敏感系数是对实验得到的全部数据进行拟合得到的，每一个样品对应一个应力敏感系数，因此其值是唯一的，而不像渗透率损害率等其他应力敏感指标那样一个测试点就对应一个值，这样更利于工程计算。应力敏感系数公式中，S_s为直线斜率的相反数。S_s越小，表明该样品的渗透率应力敏感性越弱，反之越强。有关详细信息，请参阅表 3-20 作为评估标准。

应力敏感系数评价结果见表 3-21～表 3-24。

表 3-21　岩样渗透率应力敏感系数线性拟合(第一次升压)

岩样号	拟合方程	敏感系数	相关系数	敏感程度
P128-1-14	$y = -0.2734x + 1.0631$	0.2734	0.8142	弱
X1028-3	$y = -0.2774x + 1.0642$	0.2774	0.8059	弱

表 3-22　岩样渗透率应力敏感系数线性拟合(第一次降压)

岩样号	拟合方程	敏感系数	相关系数	敏感程度
P128-1-14	$y = -0.2433x + 1.0056$	0.2433	0.8316	弱
X1028-3	$y = -0.2829x + 1.0577$	0.2829	0.831	弱

表 3-23　岩样渗透率应力敏感系数线性拟合(第二次升压)

岩样号	拟合方程	敏感系数	相关系数	敏感程度
P128-1-14	$y = -0.2156x + 0.9667$	0.2156	0.8448	弱
X1028-3	$y = -0.2648x + 1.017$	0.2648	0.833	弱

表 3-24　岩样渗透率应力敏感系数线性拟合(第二次降压)

岩样号	拟合方程	敏感系数	相关系数	敏感程度
P128-1-14	$y = -0.1769x + 0.9104$	0.1769	0.841	弱
X1028-3	$y = -0.1897x + 0.9062$	0.1897	0.8368	弱

由此可见，根据应力敏感系数法，所选的两块岩心的应力敏感程度均为弱敏感。

本节对两块岩样进行了常规应力敏感实验，每个岩样做了两个循环。根据实验数据，研究了测试岩样的视渗透率与围压及克氏渗透率与围压的关系，二者均满足二次多项式关系。采用应力敏感系数法对两块岩样进行了渗透率应力敏感评价，评价结果均为弱敏感。

3.6 本章小结

本章针对延长组低渗透油藏中孔细喉的孔隙结构特征，开展了非达西渗流实验、微观驱替实验、启动压力梯度实验、油水渗流驱替实验以及应力敏感实验，揭示了延长组低渗透油藏非线性渗流规律。实验表明微裂缝两侧残余大量原油，多孔介质中存在启动压力梯度和应力敏感，当渗透率由 11.739mD 下降到 0.513mD 时，启动压力梯度从 0.0022MPa/m 上升到 0.1490MPa/m；储层束缚水饱和度和残余油饱和度比较高，水驱油效率低下，注入水一旦突破，水相相对渗透率直线上升；渗透率明显影响驱替效率，当渗透率由 29.262mD 降低到 3.556mD 时，最终驱油效率由 70.09%下降到 49.51%。

第 4 章　裂缝性低渗透油藏非线性渗流数学模型与机理模拟研究

延长东西部低渗透油藏微裂缝发育，属于中孔细喉孔隙结构特征，长 2 和长 6 低渗透储层流体流动存在较强的非线性，基质系统中需要考虑启动压力梯度，裂缝系统中需要考虑应力敏感。为了评价启动压力梯度和应力敏感对开发动态的影响，本章建立基质系统考虑启动压力梯度和裂缝系统考虑应力敏感作用的双重介质非线性渗流数学模型，开发裂缝性低渗透油藏非线性渗流数值模拟软件，并开展裂缝性低渗透油藏非线性渗流机理研究。

4.1　裂缝性低渗透油藏几何模型

流体在裂缝-孔隙介质中的流动为双重介质渗流。双重介质由裂缝系统和基质系统组成。双重介质与一般的多孔介质的区别在于双重介质内任一点存在两种渗透率和两种孔隙度。通常而言，裂缝系统的渗透率比基质系统的渗透率大很多，基质系统的孔隙度比裂缝系统的孔隙度大得多。因此，裂缝系统主要作为渗流通道，基质系统主要作为流体储集空间。在空间上，不同尺寸和级别的基质岩块分布排列错综复杂，对应的渗透率和孔隙度在空间分布上也存在较大的非均质性。在进行计算处理时需要对真实几何模型(图 4-1)进行简化，其中 Warren-Root 模型为经典的简化模型，如图 4-2 所示。

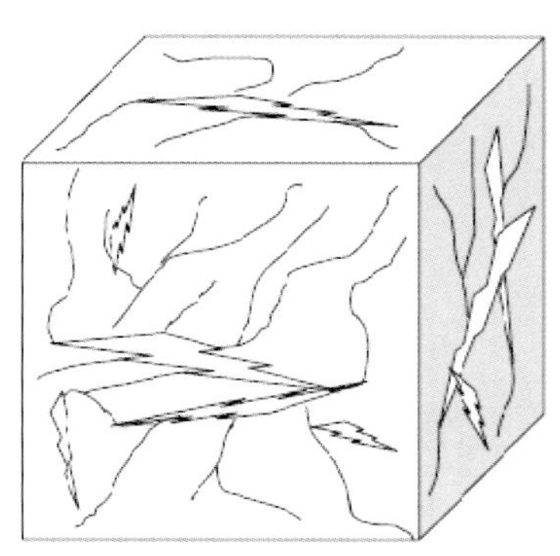

图 4-1　裂缝性低渗透油藏真实模型图

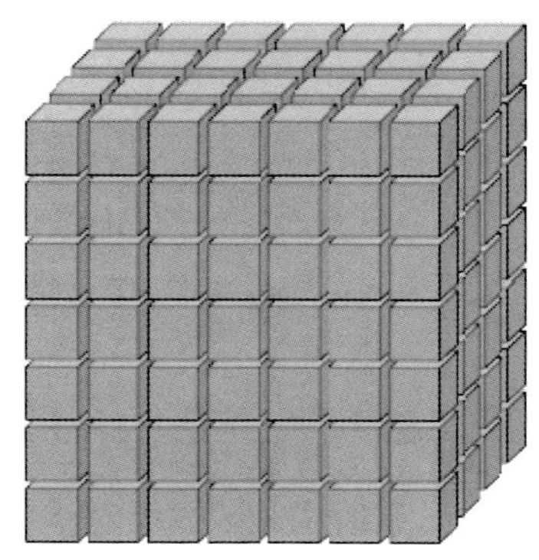

图 4-2　裂缝性低渗透油藏模型简化图

可以将裂缝-孔隙性油藏系统看作同一空间中复合存在的相互独立但是又相互联系的水动力学场的组合。根据连续介质场假设，写出各介质对应的质量守恒方程、运动方程、状态方程，在质量守恒方程中，描述裂缝与基质岩块间的流体交换可采用一源或一汇，继而流体在裂缝-孔隙性双重介质当中的不稳定渗流方程可按类似于均匀介质的方法来建立。

4.2　裂缝性低渗透油藏非线性渗流数学模型

4.2.1　模型基本假设条件

(1) 油藏中同时存在油、气、水三相，油组分存在于油相内，气组分以两种形式存在，一种以自由气的形式存在于气相，另一种以溶解气的形式存在于油相和水相。因此在地层内油组分和气组分的某种组合组成了油相，水组分和气组分的某种组合为地层水相。但是不考虑油组分向气组分挥发的现象。

(2) 岩石微可压缩，同时充分考虑毛管力、重力、弹性、黏滞力、不同驱替方式等多方面因素，流体渗流为等温渗流。

(3) 渗流过程中形成两个不同的渗流场，是因为双重介质在各系统的渗流速度和导压系数不同。

(4) 岩块间存在流体渗流，且流体在岩块中通过裂缝渗流并与裂缝交换；流体通过裂缝和基质向井底供液。

(5) 裂缝系统考虑应力敏感效应，基质系统考虑启动压力梯度。

4.2.2　数学模型的建立

1. 考虑启动压力梯度的基质系统流体运动方程

裂缝性低渗透油藏注水开发过程中若考虑启动压力梯度的基质系统流体运动方程，必须经历从裂缝到基质的流动；流体在基质中的流动不再服从达西定律，即在该过程中需要克服一个启动压力。考虑启动压力梯度，根据油气渗流的非达西定律，流体运动方程可以用式(4-1)表示。

$$\begin{cases} v_l = -\dfrac{k_{\mathrm{m}} k_{\mathrm{r}l\mathrm{m}}}{\mu_l}(\nabla P_{\mathrm{m}} - \gamma_l \nabla D - G_l) & \nabla P_{\mathrm{m}} - \gamma_l \nabla D > G_l \\ v_l = 0 & \nabla P_{\mathrm{m}} - \gamma_l \nabla D \leqslant G_l \end{cases} \tag{4-1}$$

式中，v_l 表示相 l 的渗流速度，单位 m/h；k_{m} 表示裂缝系统的渗透率，单位 μm^2；$k_{\mathrm{r}l\mathrm{m}}$ 表示基质系统中相 l 的相对渗透率；P_{m} 表示基质系统中的压力，单位 MPa；μ_l 表示相 l 的黏度，单位 mPa·s；γ_l 表示流体的重率，单位 MPa；G_l 表示相 l 的启动

压力梯度，单位 MPa/m；D 表示深度，单位 m。其中：l 代表油相(o)、气相(g)、水相(w)。

关于启动压力梯度值的研究较多，李道品(1997)[146]指出启动压力梯度与渗透率和流度均成反比，且与岩石物性和流体物性均有关系，同时得到如下关系：

$$\ln G_l = \ln A_l - n_l \ln k/\mu \tag{4-2}$$

式中，A 和 n 为回归参数。式(4-1)中的油气水相启动压力梯度值是由式(4-2)的关系来确定的。

2. 考虑应力敏感的裂缝系统流体运动方程

在裂缝性低渗透油藏储渗空间中，其裂缝变形空间较大，易产生形变，上覆岩层产生的净压力可控制裂缝的宽度，即裂缝的应力敏感性。裂缝的渗透率随净压力的变化而变化，即净压力减小，裂缝逐渐张开，净压力增大，裂缝逐渐产生闭合。因此考虑裂缝应力敏感效应影响建立裂缝性低渗透油藏的数学模型。裂缝渗透率与有效应力的关系一直是学者们的研究对象，许多学者对实验数据进行非线性回归后发现，其关系满足以下关系式：

$$k_{\mathrm{f}} = k_{\mathrm{fi}} \exp[-\beta(\sigma_{\mathrm{t}} - P_{\mathrm{f}})] \tag{4-3}$$

在考虑裂缝中应力敏感的条件下，将式(4-3)代入流体运动的达西定律，可得到流体运动方程：

$$v_l = -\frac{k_{\mathrm{r}l\mathrm{f}}}{\mu_l} k_{\mathrm{fi}} \exp[-\beta(\sigma_{\mathrm{t}} - P_{\mathrm{f}})](\nabla P_{\mathrm{f}} - \gamma_l \nabla D) \tag{4-4}$$

式中，P_{f} 为裂缝系统中的压力，MPa；$k_{\mathrm{r}l\mathrm{m}}$ 为裂缝系统中相 l 的相对渗透率；k_{fi} 为裂缝系统的初始渗透率，$\mu\mathrm{m}^2$；k_{f} 为裂缝系统的渗透率，$\mu\mathrm{m}^2$；μ_l 为相 l 的黏度，mPa·s；β 为应力敏感系数，1/MPa；σ_{t} 为上覆岩石压力，MPa。

3. 考虑渗吸的裂缝性低渗透油藏基质裂缝交换方程

流体流动在单孔隙度系统中的主要机理为压力梯度引起流体膨胀和黏性驱动。流体流动在双重孔隙度系统的主要机理为基质渗透率远远小于裂缝，所以裂缝中的压力梯度平行于与裂缝，此时可以忽略压力梯度对基质和裂缝间的流体交换，即忽略由压力梯度引起的黏滞力驱动。渗吸作用和流体膨胀是大部分裂缝性低渗透油藏基质与裂缝间流体交换最主要的驱动力；双重孔隙度系统中的驱动力有渗吸作用、重力分异、流体膨胀作用和饱和度扩散。所以，对裂缝性油藏开采动态进行准确模拟，需要考虑基质裂缝交换方程中的渗吸和流体膨胀。

假设基质岩块中的油水不混相，对于任意体积 V、孔隙度 ϕ、四周被裂缝包围的岩块，岩块中的水相平均密度 $\bar{\rho}_{\mathrm{w}}$，平均含水饱和度 $\bar{S}_{\mathrm{w}}$，时间 t，如图 4-3 所示。

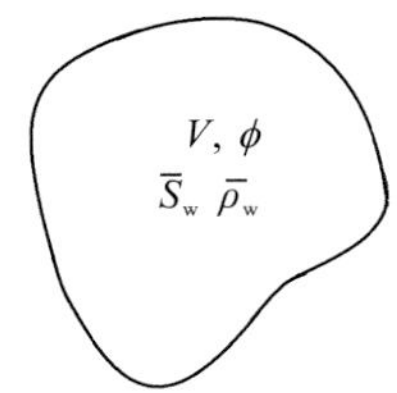

图 4-3　被裂缝包围的基质岩块

经过一个时间段 dt 后，岩块的平均含水饱和度变为$\bar{S}_w - \mathrm{d}\bar{S}_w$，水相平均密度变为$\bar{\rho}_w - \mathrm{d}\bar{\rho}_w$，由此可以得到岩块中水的质量改变量为

$$V\phi\left(\bar{\rho}_w - \mathrm{d}\bar{\rho}_w\right)\left(\bar{S}_w - \mathrm{d}\bar{S}_w\right) - V\phi\bar{\rho}_w\bar{S}_w = -V\phi\bar{S}_w\mathrm{d}\bar{\rho}_w + V\phi\bar{\rho}_w\mathrm{d}\bar{S}_w \tag{4-5}$$

由此便可以得到基质裂缝间水的窜流量：

$$\Gamma_{\mathrm{wmf}} = -V\phi\bar{S}_w\frac{\mathrm{d}\bar{\rho}_w}{\mathrm{d}t} + V\phi\bar{\rho}_w\frac{\mathrm{d}\bar{S}_w}{\mathrm{d}t} \tag{4-6}$$

根据压缩系数的定义，很容易得到：$\frac{\mathrm{d}\bar{\rho}_w}{\mathrm{d}t} = \rho_w c_w\frac{\mathrm{d}P_w}{\mathrm{d}t}$，代入式(4-6)就可以得到：

$$\Gamma_{\mathrm{wmf}} = -V\phi\bar{S}_w\rho_w c_w\frac{\mathrm{d}\bar{P}_w}{\mathrm{d}t} + V\phi\bar{\rho}_w\frac{\mathrm{d}\bar{S}_w}{\mathrm{d}t} \tag{4-7}$$

$$\Gamma_{\mathrm{wmf}} = \Gamma_{\mathrm{wmf1}} + \Gamma_{\mathrm{wmf2}} \tag{4-8}$$

方程(4-8)为控制基质裂缝系统两相流交换方程的微分形式。对两个时间微分项进行计算，可以使该交换方程用于裂缝性低渗透油藏数学模型。

由饱和度扩散理论，可得到饱和度时间微分：

$$\frac{\partial S_w}{\partial t} = \frac{D(t)}{2\int_0^t D(\tau)\mathrm{d}\tau}\left(S_{wi} - \bar{S}_w\right) = \tilde{\sigma}\left(S_{wi} - \bar{S}_w\right) \tag{4-9}$$

式中，$\tilde{\sigma}$为饱和度扩散形状因子。由其表达式可知，当$D(t)$为常数时：

$$\tilde{\sigma} = \frac{D(t)}{2\int_0^t D(\tau)\mathrm{d}\tau} = \frac{1}{2}t^{-1} \tag{4-10}$$

则交换式(4-8)中的第二项可写为

$$\Gamma_{\mathrm{wmf2}} = V\phi\rho_w\tilde{\sigma}\left(S_{wi} - \bar{S}_w\right) \tag{4-11}$$

裂缝和基质岩块之间的物质平衡方程的完整微分形式为

$$\nabla\rho_w k\lambda_w\left(\nabla P_w - \gamma_w\nabla D\right) - \frac{\partial}{\partial t}\left(\phi S_w\rho_w\right) = 0 \tag{4-12}$$

ρ_w和λ_w可以看成是时间的函数。这是因为在上式中，压力和饱和度在油藏条件下是时间的函数，在式(4-12)中，ρ_w是压力的函数，流度λ_w是饱和度的函数，从而二者是时间的函数。

岩石压缩系数 c_{w} 假设为常数，则式(4-12)可写为

$$\nabla^2 P_{\mathrm{w}} = \frac{\phi}{\lambda_{\mathrm{w}} k}\frac{\partial S_{\mathrm{w}}}{\partial t} + \frac{\phi S_{\mathrm{w}} c_{\mathrm{w}}}{\lambda_{\mathrm{w}} k}\frac{\partial P_{\mathrm{w}}}{\partial t} \tag{4-13}$$

由式(4-13)可得

$$\frac{\partial P_{\mathrm{w}}}{\partial t} = \frac{\lambda_{\mathrm{w}} k}{\phi c_{\mathrm{w}} S_{\mathrm{w}}}\nabla^2 P_{\mathrm{w}} - \frac{1}{c_{\mathrm{w}} S_{\mathrm{w}}}\frac{\partial S_{\mathrm{w}}}{\partial t} \tag{4-14}$$

将式(4-9)代入式(4-14)中可得

$$\frac{\partial P_{\mathrm{w}}}{\partial t} = \frac{\lambda_{\mathrm{w}} k}{\phi S_{\mathrm{w}} c_{\mathrm{w}}}\nabla^2 P_{\mathrm{w}} - \frac{\tilde{\sigma}}{c_{\mathrm{w}} S_{\mathrm{w}}}\left(S_{\mathrm{wi}} - \bar{S}_{\mathrm{w}}\right) \tag{4-15}$$

上式可以写为

$$\frac{\partial P_{\mathrm{w}}}{\partial t} = \alpha_1(t)\nabla^2 P_{\mathrm{w}} - f(t) \tag{4-16}$$

式中，$\alpha_1(t) = \dfrac{\lambda_{\mathrm{w}} k}{\phi S_{\mathrm{w}} c_{\mathrm{w}}}$；$f(t) = \dfrac{\tilde{\sigma}}{c_{\mathrm{w}} S_{\mathrm{w}}}\left(S_{\mathrm{wi}} - \bar{S}_{\mathrm{w}}\right)$。

令 $\alpha(t) = \dfrac{\lambda_{\mathrm{w}} k}{\phi S_{\mathrm{w}}}$，则 $\alpha_1(t) = \dfrac{\alpha(t)}{c_{\mathrm{w}}}$；并令 $T = \int_0^t \alpha(\tau)\mathrm{d}\tau$。将 c_{w} 视为常数，式(4-16)两边同时除以 $\alpha(t)$，得到

$$\frac{\partial P_{\mathrm{w}}}{\partial T} = c_{\mathrm{w}}\nabla^2 P_{\mathrm{w}} - \frac{f(t)}{\alpha(t)} = c_{\mathrm{w}}\nabla^2 P_{\mathrm{w}} - \tilde{g}(T) \tag{4-17}$$

式中，$\tilde{g}(T) = \dfrac{f(t)}{\alpha(t)}$。

对于一维扩散问题，式(4-16)可写为

$$\frac{\partial P_{\mathrm{w}}}{\partial T} = c_{\mathrm{w}}\frac{\partial^2 P_{\mathrm{w}}}{\partial x^2} - \tilde{g}(T) \tag{4-18}$$

式(4-18)的边界条件和初始条件可以写为

$$P_{\mathrm{w}}(0,T) = P_{\mathrm{w}}(1,T) = P_{\mathrm{wf}}\text{；}\quad P_{\mathrm{w}}(x,0) = P_{\mathrm{wm}}$$

使用以下的无因次变换：

$$P = \frac{P_{\mathrm{w}} - P_{\mathrm{wf}}}{P_{\mathrm{wm}} - P_{\mathrm{wf}}}\text{；}\quad \tau = \frac{T}{l^2}\text{；}\quad X = \frac{x}{L}\text{；}$$

得到

$$\frac{\partial P_{\mathrm{w}}}{\partial \tau} = c_{\mathrm{w}}\frac{\partial^2 P_{\mathrm{w}}}{\partial X^2} - f(\tau) \tag{4-19}$$

式中，$f(\tau) = \dfrac{L^2 \tilde{g}(T)}{P_{\mathrm{wm}} - P_{\mathrm{wf}}}$。

边界条件和初始条件化为

$$P(0,\tau) = P(L,\tau) = 0\text{；}\quad P(X,0) = 1$$

P_{w} 与时间的函数关系式可由式(4-19)的解用特征函数展开式得到，继而得到

压力 P_w 的时间微分表达式：

$$\frac{\partial P_w}{\partial t}=-\sigma_p\alpha_1(t)\left(\bar{P}_{wm}-P_{wf}\right)+\frac{8}{\pi^2}\frac{\tilde{\sigma}}{S_w c_w}\left(\bar{S}_w-S_{wi}\right) \tag{4-20}$$

式中，σ_p 为压力扩散形状因子，$\sigma_p=\dfrac{\pi^2}{L^2}$。

压力扩散导致的流体交换量可由式(4-20)代入式(4-7)中的第一项得到，表示为

$$\varGamma_{wmf1}=V\rho_w\lambda_w\sigma_p\left(\bar{P}_{wm}-P_{wf}\right)-V\phi\rho_w\frac{8}{\pi^2}\tilde{\sigma}\left(\bar{S}_w-S_{wi}\right) \tag{4-21}$$

把式(4-11)和式(4-21)代入式(4-8)中，可得到交换方程的完整形式，表示为

$$\varGamma_{wmf}=V\rho_w\lambda_w\sigma_p\left(\bar{P}_{wm}-P_{wf}\right)-V\phi\rho_w\left(\frac{8}{\pi^2}+1\right)\tilde{\sigma}\left(\bar{S}_w-S_{wi}\right) \tag{4-22}$$

令式(4-22)中常数项 $\sigma_3=\tilde{\sigma}\left(\dfrac{8}{\pi^2}+1\right)$ 写成，式(4-22)简化为

$$\varGamma_{wmf}=V\rho_w\lambda_w\sigma_p\left(\bar{P}_{wm}-P_{wf}\right)-V\phi\rho_w\sigma_3\left(\bar{S}_w-S_{wi}\right) \tag{4-23}$$

式(4-23)中的压力、饱和度扩散形状因子在拟稳态压力扩散情况下可表示为

$$\begin{aligned}&\sigma_p=\frac{\pi^2}{L^2}\\&\sigma_s=\left(\frac{8}{\pi^2}+1\right)\frac{D(t)}{2\int_0^t D(\tau)\mathrm{d}\tau}=bt^{-1}\end{aligned} \tag{4-24}$$

对扩散度为常数的情况，式(4-24)中的 b 为常数。

4. 非线性渗流数学模型

基质系统的三个方程和裂缝系统的三个方程组成了裂缝性低渗透油藏的三维三相渗流微分方程组。(脚标说明：裂缝系统中用 f 作为裂缝的说明；不使用 f 的参数为基质系统的参数。)

基质系统油相渗流速度：

$$\begin{cases}v_o=-\dfrac{kk_{ro}}{\mu_o}\left(\nabla P_o-\gamma_o\nabla D-G_o\right) & \nabla P_o-\gamma_o\nabla D>G_o\\ v_o=0 & \nabla P_o-\gamma_o\nabla D\leqslant G_o\end{cases} \tag{4-25}$$

基质系统气相渗流速度：

$$\begin{cases}v_g=-\dfrac{kk_{rg}}{\mu_g}[\nabla P_g-\gamma_g\nabla D-G_g] & \nabla P_g-\gamma_g\nabla D>G_o\\ v_g=0 & \nabla P_g-\gamma_g\nabla D\leqslant G_o\end{cases} \tag{4-26}$$

基质系统水相渗流速度：

$$\begin{cases} v_w = -\dfrac{kk_{rw}}{\mu_w}(\nabla P_o - \gamma_w \nabla D - G_w) & \nabla P_w - \gamma_w \nabla D > G_w \\ v_w = 0 & \nabla P_w - \gamma_w \nabla D \leqslant G_w \end{cases} \tag{4-27}$$

裂缝系统油相渗流速度：

$$v_{of} = -\frac{k_f k_{rof} \exp[-\beta(\sigma_t - P_{of})]}{\mu_{of}}(\nabla P_{of} - \gamma_{of} \nabla D_f) \tag{4-28}$$

裂缝系统气相渗流速度：

$$v_{gf} = -\frac{k_f k_{rgf} \exp[-\beta(\sigma_t - P_{gf})]}{\mu_{gf}}(\nabla P_{gf} - \gamma_{gf} \nabla D_f) \tag{4-29}$$

裂缝系统水相渗流速度：

$$v_{wf} = -\frac{k_f k_{rwf} \exp[-\beta(\sigma_t - P_{wf})]}{\mu_{wf}}(\nabla P_{wf} - \gamma_{wf} \nabla D_f) \tag{4-30}$$

由于气组分可以溶于油相中(溶解气)，也可以从油相中分离出来成为气相，所以按“相”考虑物质平衡，地层中油相、气相都不守恒。因此，裂缝和孔隙内油、气、水相组分物质守恒方程按组分考虑物质守恒关系得到。

基质中油组分：

$$-\nabla \cdot (\frac{\rho_{osc}}{B_o} v_o) + Q_o - \Gamma_o = \frac{\partial}{\partial t}\left(\phi \frac{\rho_{osc} S_o}{B_o}\right) \tag{4-31}$$

基质中气组分：

$$\begin{aligned} & -\nabla \cdot \left(\frac{R_{so}\rho_{gsc}}{B_o} v_o + \frac{R_{sw}\rho_{gsc}}{B_w} v_w + \frac{\rho_{gsc}}{B_g} v_g\right) + Q_g - \Gamma_g \\ & = \frac{\partial}{\partial t}\left[\phi \rho_{gsc}\left(\frac{R_{so} S_o}{B_o} + \frac{R_{sw} S_w}{B_w} + \frac{S_g}{B_g}\right)\right] \end{aligned} \tag{4-32}$$

基质中水组分：

$$-\nabla \cdot \left(\frac{\rho_{wsc}}{B_o} v_w\right) + Q_w - \Gamma_w = \frac{\partial}{\partial t}\left(\phi \frac{\rho_{wsc} S_w}{B_o}\right) \tag{4-33}$$

裂缝中油组分：

$$-\nabla \cdot \left(\frac{\rho_{osc}}{B_{of}} v_{of}\right) + Q_{of} + \Gamma_o = \frac{\partial}{\partial t}\left(\phi \frac{\rho_{osc} S_{of}}{B_{of}}\right) \tag{4-34}$$

裂缝中气组分：

$$\begin{aligned} & -\nabla \cdot \left(\frac{R_{so}\rho_{gsc}}{B_{of}} v_{of} + \frac{R_{sw}\rho_{gsc}}{B_{wf}} v_{wf} + \frac{\rho_{gsc}}{B_{gf}} v_{gf}\right) + Q_{gf} + \Gamma_g \\ & = \frac{\partial}{\partial t}\left[\phi \rho_{gsc}\left(\frac{R_{so} S_{of}}{B_{of}} + \frac{R_{sw} S_{wf}}{B_{wf}} + \frac{S_{gf}}{B_{gf}}\right)\right] \end{aligned} \tag{4-35}$$

裂缝中水组分：

$$-\nabla\cdot\left(\frac{\rho_{\rm wsc}}{B_{\rm of}}v_{\rm wf}\right)+Q_{\rm wf}+\varGamma_{\rm w}=\frac{\partial}{\partial t}\left(\phi\frac{\rho_{\rm wsc}S_{\rm wf}}{B_{\rm of}}\right) \tag{4-36}$$

式(4-31)～式(4-36)中B为体积系数。将式(4-25)～式(4-30)分别代入式(4-31)～式(4-36)，方程两边可以同时除以标准状态下恒定不变的密度，得到以下形式。

1)基质中油、气、水三相的方程

油相方程：

$$-\nabla\cdot\left[\frac{k_{\rm ro}k}{\mu_{\rm o}B_{\rm o}}(\nabla P_{\rm o}-\gamma_{\rm o}\nabla D-G_{\rm o})\right]+q_{\rm o}-\tau_{\rm o}=\frac{\partial}{\partial t}\left(\phi\frac{S_{\rm o}}{B_{\rm o}}\right) \tag{4-37}$$

水相方程：

$$-\nabla\cdot\left[\frac{k_{\rm rw}k}{\mu_{\rm w}B_{\rm w}}(\nabla P_{\rm o}-\nabla P_{\rm cwo}-\gamma_{\rm w}\nabla D-G_{\rm w})\right]+q_{\rm w}-\tau_{\rm w}=\frac{\partial}{\partial t}\left(\phi\frac{S_{\rm w}}{B_{\rm w}}\right) \tag{4-38}$$

气相方程：

$$-\nabla\cdot\begin{bmatrix}\dfrac{k_{\rm rg}k}{\mu_{\rm g}B_{\rm g}}(\nabla P_{\rm o}+\nabla P_{\rm cgo}-\gamma_{\rm g}\nabla D)+R_{\rm so}\dfrac{k_{\rm ro}k}{\mu_{\rm o}B_{\rm o}}(\nabla P_{\rm o}-\gamma_{\rm o}\nabla D-G_{\rm o})\\+R_{\rm sw}\dfrac{k_{\rm rw}k}{\mu_{\rm w}B_{\rm w}}(\nabla P_{\rm o}-\nabla P_{\rm cwo}-\gamma_{\rm w}\nabla D-G_{\rm w})\end{bmatrix}+q_{\rm g}-\tau_{\rm g}$$
$$=\frac{\partial}{\partial t}\left[\phi\left(\frac{S_{\rm g}}{B_{\rm g}}+R_{\rm so}\frac{S_{\rm o}}{B_{\rm o}}+R_{\rm sw}\frac{S_{\rm w}}{B_{\rm w}}\right)\right] \tag{4-39}$$

2)裂缝中油、气、水三相的方程

油相方程：

$$-\nabla\cdot\left[\frac{k_{\rm rof}k_{\rm fi}}{\mu_{\rm of}B_{\rm of}}\exp[-\beta(\sigma_{\rm t}-P_{\rm of})](\nabla P_{\rm of}-\gamma_{\rm of}\nabla D_{\rm f})\right]+q_{\rm of}+\tau_{\rm o}=\frac{\partial}{\partial t}\left(\phi_{\rm f}\frac{S_{\rm of}}{B_{\rm of}}\right) \tag{4-40}$$

水相方程：

$$-\nabla\cdot\left[\frac{k_{\rm rwf}k_{\rm fi}}{\mu_{\rm wf}B_{\rm wf}}\exp[-\beta(\sigma_{\rm t}-P_{\rm of})](\nabla P_{\rm of}-\nabla P_{\rm cwof}-\gamma_{\rm wf}\nabla D_{\rm f})\right]+q_{\rm wf}+\tau_{\rm w}$$
$$=\frac{\partial}{\partial t}\left(\phi_{\rm f}\frac{S_{\rm wf}}{B_{\rm wf}}\right) \tag{4-41}$$

气相方程：

$$
-\nabla\cdot\left\{\begin{aligned}&k_{\mathrm{fi}}\exp\left[-\beta(\sigma_{\mathrm{t}}-P_{\mathrm{of}})\right]\left[\frac{k_{\mathrm{rgf}}}{\mu_{\mathrm{gf}}B_{\mathrm{gf}}}(\nabla P_{\mathrm{of}}+\nabla P_{\mathrm{cgof}}-\gamma_{\mathrm{gf}}\nabla D_{\mathrm{f}})\right.\\&\left.+R_{\mathrm{sof}}\frac{k_{\mathrm{rof}}}{\mu_{\mathrm{of}}B_{\mathrm{of}}}(\nabla P_{\mathrm{of}}-\gamma_{\mathrm{of}}\nabla D_{\mathrm{f}})+R_{\mathrm{swf}}\frac{k_{\mathrm{rwf}}}{\mu_{\mathrm{wf}}B_{\mathrm{wf}}}(\nabla P_{\mathrm{of}}-\nabla P_{\mathrm{cwof}}-\gamma_{\mathrm{wf}}\nabla D_{\mathrm{f}})\right]\end{aligned}\right\}+q_{\mathrm{gf}}+\tau_{\mathrm{g}}
$$
$$
=\frac{\partial}{\partial t}\left[\phi_{\mathrm{f}}\left(\frac{S_{\mathrm{gf}}}{B_{\mathrm{gf}}}+R_{\mathrm{sof}}\frac{S_{\mathrm{of}}}{B_{\mathrm{of}}}+R_{\mathrm{swf}}\frac{S_{\mathrm{wf}}}{B_{\mathrm{wf}}}\right)\right] \tag{4-42}
$$

辅助方程：

$$S_{\mathrm{o}}+S_{\mathrm{g}}+S_{\mathrm{w}}=1 \tag{4-43}$$
$$S_{\mathrm{of}}+S_{\mathrm{gf}}+S_{\mathrm{wf}}=1 \tag{4-44}$$
$$P_{\mathrm{w}}=P_{\mathrm{o}}-P_{\mathrm{cwo}} \tag{4-45}$$
$$P_{\mathrm{wf}}=P_{\mathrm{of}}-P_{\mathrm{cwof}} \tag{4-46}$$
$$P_{\mathrm{g}}=P_{\mathrm{o}}+P_{\mathrm{cgo}} \tag{4-47}$$
$$P_{\mathrm{gf}}=P_{\mathrm{of}}+P_{\mathrm{cgof}} \tag{4-48}$$

式中，$q_{\mathrm{o}}=\dfrac{Q_{\mathrm{o}}}{\rho_{\mathrm{osc}}}$；$\tau_{\mathrm{o}}=\dfrac{\Gamma_{\mathrm{o}}}{\rho_{\mathrm{osc}}}$；$q_{\mathrm{w}}=\dfrac{Q_{\mathrm{w}}}{\rho_{\mathrm{wsc}}}$；$\tau_{\mathrm{w}}=\dfrac{\Gamma_{\mathrm{w}}}{\rho_{\mathrm{wsc}}}$；$q_{\mathrm{g}}=\dfrac{Q_{\mathrm{g}}}{\rho_{\mathrm{gsc}}}$；$\tau_{\mathrm{g}}=\dfrac{\Gamma_{\mathrm{g}}}{\rho_{\mathrm{gsc}}}$；$q_{\mathrm{of}}=\dfrac{Q_{\mathrm{of}}}{\rho_{\mathrm{osc}}}$；$q_{\mathrm{wf}}=\dfrac{Q_{\mathrm{wf}}}{\rho_{\mathrm{wsc}}}$；$q_{\mathrm{gf}}=\dfrac{Q_{\mathrm{gf}}}{\rho_{\mathrm{gsc}}}$；$\gamma_{\mathrm{o}}=\rho_{\mathrm{o}}g$；$\gamma_{\mathrm{w}}=\rho_{\mathrm{w}}g$；$\gamma_{\mathrm{g}}=\rho_{\mathrm{g}}g$；$\rho_{\mathrm{o}}=\rho_{\mathrm{o}}(P_{\mathrm{o}},P_{\mathrm{b}})=\dfrac{\rho_{\mathrm{osc}}+R_{\mathrm{so}}\rho_{\mathrm{gsc}}}{B_{\mathrm{o}}}$；$\rho_{\mathrm{g}}=\rho_{\mathrm{g}}(P_{\mathrm{g}})=\dfrac{\rho_{\mathrm{gsc}}}{B_{\mathrm{g}}}$；$\rho_{\mathrm{w}}=\rho_{\mathrm{w}}(P_{\mathrm{w}})=\dfrac{\rho_{\mathrm{wsc}}+R_{\mathrm{sw}}\rho_{\mathrm{gsc}}}{B_{\mathrm{o}}}$；$k_{\mathrm{ro}}=k_{\mathrm{ro}}(S_{\mathrm{g}},S_{\mathrm{w}})$；$k_{\mathrm{rg}}=k_{\mathrm{rg}}(S_{\mathrm{g}})$；$k_{\mathrm{rw}}=k_{\mathrm{rw}}(S_{\mathrm{w}})$；$\gamma_{\mathrm{of}}=\rho_{\mathrm{of}}g$；$\gamma_{\mathrm{wf}}=\rho_{\mathrm{wf}}g$；$\gamma_{\mathrm{gf}}=\rho_{\mathrm{gf}}g$；$\rho_{\mathrm{of}}=\rho_{\mathrm{of}}(P_{\mathrm{of}},P_{\mathrm{b}})=\dfrac{\rho_{\mathrm{osc}}+R_{\mathrm{so}}\rho_{\mathrm{gsc}}}{B_{\mathrm{of}}}$；$\rho_{\mathrm{gf}}=\rho_{\mathrm{gf}}(P_{\mathrm{gf}})=\dfrac{\rho_{\mathrm{gsc}}}{B_{\mathrm{gf}}}$；$\rho_{\mathrm{wf}}=\rho_{\mathrm{wf}}(P_{\mathrm{wf}})=\dfrac{\rho_{\mathrm{wsc}}+R_{\mathrm{sw}}\rho_{\mathrm{gsc}}}{B_{\mathrm{of}}}$；$\mu_{\mathrm{o}}=\mu_{\mathrm{o}}(P_{\mathrm{o}})$；$\mu_{\mathrm{g}}=\mu_{\mathrm{g}}(P_{\mathrm{g}})$；$\mu_{\mathrm{w}}=\mu_{\mathrm{w}}(P_{\mathrm{w}})$；$p_{\mathrm{cwo}}=p_{\mathrm{cwo}}(S_{\mathrm{w}})$；$p_{\mathrm{cgo}}=p_{\mathrm{cgo}}(S_{\mathrm{g}})$；$\phi=\phi(P_{\mathrm{o}})$　$k_{\mathrm{rof}}=k_{\mathrm{rof}}(s_{\mathrm{gf}},s_{\mathrm{wf}})$；$k_{\mathrm{rgf}}=k_{\mathrm{rgf}}(s_{\mathrm{gf}})$；$k_{\mathrm{rwf}}=k_{\mathrm{rwf}}(s_{\mathrm{wf}})$；$\mu_{\mathrm{of}}=\mu_{\mathrm{of}}(P_{\mathrm{of}})$；$\mu_{\mathrm{gf}}=\mu_{\mathrm{gf}}(P_{\mathrm{gf}})$；$\mu_{\mathrm{wf}}=\mu_{\mathrm{wf}}(P_{\mathrm{wf}})$；$p_{\mathrm{cwof}}=p_{\mathrm{cwof}}(s_{\mathrm{wf}})$；$p_{\mathrm{cgof}}=p_{\mathrm{cgof}}(s_{\mathrm{gf}})$；$\phi_{\mathrm{f}}=\phi_{\mathrm{f}}(P_{\mathrm{of}})$；

$$\tau_{\mathrm{o}}=V\rho_{\mathrm{o}}\lambda_{\mathrm{o}}\sigma_{\mathrm{p}}\left(\bar{P}_{\mathrm{o}}-P_{\mathrm{of}}\right)-V\phi\rho_{\mathrm{o}}\sigma_{3}\left(\bar{S}_{\mathrm{o}}-S_{\mathrm{oi}}\right) \tag{4-49}$$
$$\tau_{\mathrm{w}}=V\rho_{\mathrm{w}}\lambda_{\mathrm{w}}\sigma_{\mathrm{p}}\left(\bar{P}_{\mathrm{o}}-P_{\mathrm{of}}-P_{\mathrm{cow}}+P_{\mathrm{cowf}}\right)-V\phi\rho_{\mathrm{w}}\sigma_{3}\left(\bar{S}_{\mathrm{w}}-S_{\mathrm{wi}}\right) \tag{4-50}$$
$$\tau_{\mathrm{g}}=V\rho_{\mathrm{g}}\lambda_{\mathrm{g}}\sigma_{\mathrm{p}}\left(\bar{P}_{\mathrm{o}}-P_{\mathrm{of}}-P_{\mathrm{cgo}}+P_{\mathrm{cogf}}\right)-V\phi\rho_{\mathrm{g}}\sigma_{3}\left(\bar{S}_{\mathrm{g}}-S_{\mathrm{gi}}\right)+R_{\mathrm{so}}\tau_{\mathrm{o}}+R_{\mathrm{sw}}\tau_{\mathrm{w}} \tag{4-51}$$

在此引入流动势的概念，定义下面的式子：

基质油相流动势：

$$\Phi_{\mathrm{o}}=P_{\mathrm{o}}-\gamma_{\mathrm{o}}D-G_{\mathrm{o}}F \tag{4-52}$$

基质水相流动势：

$$\varPhi_{w} = P_{o} - P_{cwo} - \gamma_{w} D - G_{w} F \tag{4-53}$$

基质气相流动势：

$$\varPhi_{g} = P_{o} + P_{cgo} - \gamma_{g} D - G_{g} F \tag{4-54}$$

裂缝油相流动势：

$$\varPhi_{of} = P_{of} - \gamma_{of} D_{f} \tag{4-55}$$

裂缝水相流动势：

$$\varPhi_{wf} = P_{of} - P_{cwof} - \gamma_{wf} D_{f} \tag{4-56}$$

裂缝气相流动势：

$$\varPhi_{gf} = P_{of} + P_{cgof} - \gamma_{gf} D_{f} \tag{4-57}$$

式中，F 代表 X，Y，Z 三个方向，$\Delta\varPhi$ 取 X 方向，F=X；取 Y 方向，F=Y；取 Z 方向，F=Z。

由势表示的裂缝性低渗透油藏三维三相黑油数学模型可由势方程式(4-52)～式(4-57)代入到基质裂缝的方程式(4-37)～式(4-51)得到。

$$\begin{cases}
\nabla\cdot\left(\dfrac{k_{ro}k}{\mu_{o}B_{o}}\nabla\varPhi_{o}\right)+q_{o}-\tau_{o}=\dfrac{\partial}{\partial t}\left(\phi\dfrac{S_{o}}{B_{o}}\right) \\
\nabla\cdot\left(\dfrac{k_{rw}k}{\mu_{w}B_{w}}\nabla\varPhi_{w}\right)+q_{w}-\tau_{w}=\dfrac{\partial}{\partial t}\left(\phi\dfrac{S_{w}}{B_{w}}\right) \\
\nabla\cdot\left(\dfrac{k_{rg}k}{\mu_{g}B_{g}}\nabla\varPhi_{g}+R_{so}\dfrac{k_{ro}k}{\mu_{o}B_{o}}\nabla\varPhi_{o}+R_{sw}\dfrac{k_{rw}k}{\mu_{w}B_{w}}\nabla\varPhi_{w}\right)+q_{g}-\tau_{g} \\
=\dfrac{\partial}{\partial t}\left[\phi\left(\dfrac{S_{g}}{B_{g}}+R_{so}\dfrac{S_{o}}{B_{o}}+R_{sw}\dfrac{S_{w}}{B_{w}}\right)\right] \\
\nabla\cdot\left\{\dfrac{k_{rof}}{\mu_{of}B_{of}}k_{fi}\exp[-\beta(\sigma_{t}-p_{of})]\nabla\varPhi_{of}\right\}+q_{of}+\tau_{o}=\dfrac{\partial}{\partial t}\left(\phi_{f}\dfrac{S_{of}}{B_{of}}\right) \\
\nabla\cdot\left\{\dfrac{k_{rwf}}{\mu_{wf}B_{wf}}k_{fi}\exp[-\beta(\sigma_{t}-p_{of})]\nabla\varPhi_{wf}\right\}+q_{wf}+\tau_{w}=\dfrac{\partial}{\partial t}(\phi_{f}\dfrac{S_{wf}}{B_{wf}}) \\
\nabla\cdot\left\{k_{fi}\exp[-\beta(\sigma_{t}-p_{of})]\left(\dfrac{k_{rgf}}{\mu_{gf}B_{gf}}\nabla\Phi_{gf}+R_{sof}\dfrac{k_{rof}}{\mu_{of}B_{of}}\nabla\varPhi_{of}+R_{swf}\dfrac{k_{rwf}}{\mu_{wf}B_{wf}}\nabla\varPhi_{wf}\right)\right\}+q_{gf}+\tau_{g} \\
=\dfrac{\partial}{\partial t}\left[\phi_{f}\left(\dfrac{S_{gf}}{B_{gf}}+R_{sof}\dfrac{S_{of}}{B_{of}}+R_{swf}\dfrac{S_{wf}}{B_{wf}}\right)\right]
\end{cases} \tag{4-58}$$

4.2.3　模型定解条件

模型的定解条件由初始条件、边界条件所组成，边界条件由外边界、内边界条件组成。数学表达式如下。

1) 初始条件

油藏中各点参数如压力、饱和度从某一时刻起(t=0)的分布情况即初始条件。

$$P(x,y,z,t)\big|_{t=0} = P_0(x,y,z) \tag{4-59}$$

$$S(x,y,z,t)\big|_{t=0} = S_0(x,y,z) \tag{4-60}$$

式中，P、S 表示油气藏各介质系统中任意一点的参数。

2) 边界条件

开采过程中油气藏几何边界所处的状态即边界条件。

(1) 外边界条件。

$$\left.\frac{\partial \Phi_{\text{of}}}{\partial n}\right|_{\Gamma} = 0 \qquad \left.\frac{\partial \Phi_{\text{om}}}{\partial n}\right|_{\Gamma} = 0 \tag{4-61}$$

$$\left.\frac{\partial \Phi_{\text{wf}}}{\partial n}\right|_{\Gamma} = 0 \qquad \left.\frac{\partial \Phi_{\text{wm}}}{\partial n}\right|_{\Gamma} = 0 \tag{4-62}$$

(2) 内边界条件。

定井底压力：

$$P\big|_{r=r_{\text{w}}} = \text{const} \tag{4-63}$$

定产量：

$$Q\big|_{r=r_{\text{w}}} = \text{const} \tag{4-64}$$

式中，r_{w} 表示井半径，m；P 表示压力，MPa；Q 表示产量。

4.2.4　井模型

井的流体流动使用和油藏模型相似的流动方程，其中描述油相的压力传导方程如下：

$$\frac{\partial}{\partial l}\left[\frac{k_{\text{p}}k_{\text{rop}}}{\mu_{\text{op}}B_{\text{op}}}\frac{\partial P_{\text{wf}}}{\partial l}\right] = -\frac{\partial}{\partial t}\left(\phi_{\text{p}}\frac{S_{\text{op}}}{B_{\text{op}}}\right) + Q_{\text{o}} - (\tilde{q}_{\text{o}} + \tilde{q}_{\text{of}}) \tag{4-65}$$

式中，这里l代表沿井筒的方向；p 代表在井底流压P_{wf}的条件下计算出来的井筒中的流体属性。

同样水和气的方程如下：

$$\frac{\partial}{\partial l}\left[\frac{k_p k_{rwp}}{\mu_{wp}B_{wp}}\frac{\partial P_{wf}}{\partial l}\right]=-\frac{\partial}{\partial t}\left(\phi_p\frac{S_{wp}}{B_{wp}}\right)+Q_w-(\tilde{q}_w+\tilde{q}_{wf}) \tag{4-66}$$

$$\begin{aligned}&\frac{\partial}{\partial l}\left[k_p\left(\frac{k_{rgp}}{\mu_{gp}B_{gp}}+\frac{R_{sop}k_{rop}}{\mu_{op}B_{op}}+\frac{R_{swp}k_{rwp}}{\mu_{wp}B_{wp}}\right)\frac{\partial P_{wf}}{\partial l}\right]\\&=-\frac{\partial}{\partial t}\left[\phi_p\left(\frac{S_{gp}}{B_{gp}}+\frac{R_{sop}S_{op}}{B_{op}}+\frac{R_{swp}S_{wp}}{B_{wp}}\right)\right]+Q_g-(\tilde{q}_g+\tilde{q}_{gf})\end{aligned} \tag{4-67}$$

式中，$k_{rop}=S_{op}$、$k_{rwp}=S_{wp}$、$k_{rgp}=S_{gp}$。

通过能量守恒定律，同时忽略重力的影响，可以推导出井筒中有效渗透率的公式为

$$k_p=\phi_p\bar{\mu}\left[\frac{r_w}{\bar{\rho}f}\left|\frac{\partial P_{wf}}{\partial l}\right|^{-1}\right]^{\frac{1}{2}} \tag{4-68}$$

另一方面通过能量守恒，可以得到直接计算井筒压降的方程：

$$\frac{\partial P_{wf}}{\partial l}=\frac{f\bar{\rho}\,\bar{v}_p^2}{r_w} \tag{4-69}$$

将式(4-69)代入式(4-68)就可以得到一个更加简便的关于k_p的方程：

$$k_p=\frac{\phi_p\bar{\mu}r_w}{\bar{\rho}f\bar{v}_p} \tag{4-70}$$

其中，非均质流体的属性使用饱和度加权平均：

$$\bar{\rho}=\rho_{op}S_{op}+\rho_{wp}S_{wp}+\rho_{gp}S_{gp} \tag{4-71}$$

等效井筒孔隙度用井筒容积与整个网格块体积V的比值来表示：

$$\phi_p=\frac{\pi r_w^2\Delta l}{V} \tag{4-72}$$

f为范宁摩擦系数，对于层流（$N_{Re}<2100$），它是雷诺数的函数：

$$f=\frac{16}{N_{Re}} \tag{4-73}$$

湍流流动的摩擦系数主要取决于井筒粗糙度和雷诺数。Govier 和 Aziz[147]建议在湍流时使用下面的定义求解摩擦系数：

$$\frac{1}{\sqrt{f}}=4\log\left(\frac{r_{\mathrm{w}}}{e}\right)+3.48-4\log\left(1+9.35\frac{r_{\mathrm{w}}}{eN_{\mathrm{Re}}\sqrt{f}}\right) \tag{4-74}$$

$\overline{v}_p$ 为实际速度，使用达西定律计算并除以有效孔隙度：

$$v_{\mathrm{p}}=\frac{k_{\mathrm{p}}}{\phi_{\mathrm{p}}\overline{\mu}}\frac{\partial P_{\mathrm{wf}}}{\partial l} \tag{4-75}$$

Launder 和 Sharma[148]建议使用方程(4-75)所给出的实际速度来给式(4-70)一个显式的解。他们认为压力梯度和流体性质在井筒流动为拟稳定状态的一段时间内是没有显著变化的，所以显式解对于原解是很逼近的。

流体在基质和井筒间的流动公式定义为

$$\tilde{q}_i=q_iV \tag{4-76}$$

式中，q_i 代表 i 相单位体积的流量，它等于油藏模型中的源汇项；V 是网格块的体积。

裂缝与井筒间流体的交换量可以用同样的定义。

根据 Peaceman 近似法可以计算流体从基质到井筒的流量。对于油相公式为

$$\tilde{q}_{\mathrm{o}}=I\left(\frac{k_{\mathrm{ro}}}{\mu_{\mathrm{o}}B_{\mathrm{o}}}\right)(P_1-P_{\mathrm{wf}}) \tag{4-77}$$

同样裂缝到井筒的油流量为

$$\tilde{q}_{\mathrm{of}}=I_{\mathrm{f}}\left(\frac{k_{\mathrm{rof}}}{\mu_{\mathrm{of}}B_{\mathrm{of}}}\right)(P_{\mathrm{f}}-P_{\mathrm{wf}}) \tag{4-78}$$

其中，井的生产指数 I 使用式(4-79)计算

$$I=\frac{k_{\mathrm{m}}\Delta l}{\ln\left(\dfrac{r_{\mathrm{o}}}{r_{\mathrm{e}}}\right)+3} \tag{4-79}$$

通过 Peaceman 方程可以得到 r_{o} 的表达式：

$$r_{\mathrm{o}}=\frac{\left[\left(\dfrac{k_{\mathrm{z}}}{k_{\mathrm{y}}}\right)^{1/2}\Delta y^2+\left(\dfrac{k_{\mathrm{y}}}{k_{\mathrm{z}}}\right)^{1/2}\Delta z^2\right]}{\left(\dfrac{k_{\mathrm{z}}}{k_{\mathrm{y}}}\right)^{1/4}\Delta y^2+\left(\dfrac{k_{\mathrm{y}}}{k_{\mathrm{z}}}\right)^{1/4}} \tag{4-80}$$

对于裂缝，使用裂缝的半长 L_{f} 代替 r_{o} 来计算裂缝到井筒的 I_{f}：

$$I_{\mathrm{f}}=\frac{k_{\mathrm{m}}\Delta l}{\ln\left(\dfrac{L_{\mathrm{f}}}{r_{\mathrm{e}}}\right)+3} \tag{4-81}$$

最后，还需要一个辅助方程描述井筒中流体的体积平衡：

$$S_{gp}+S_{op}+S_{wp}=1 \tag{4-82}$$

以上各式就是裂缝性低渗透油藏井的模型。

4.3 裂缝性低渗透油藏非线性渗流数值模型

4.3.1 压力方程的推导

隐式方法求解压力方程，显示方法求解饱和度方程，交替求解压力、饱和度，即隐式压力显示饱和度法(implicit pressure explicit saturation，IMPES)，它属于Sequential方法。该方法是研究典型油气藏时最经济的方法，其稳定性好，求解速度快、使用最广。其优点是方法简便、计算速度较快、使用内存较小。故本书对方程组(4-58)进行处理时选用的是IMPES方法。该方法的使用前提是推导压力方程，令方程组(4-58)中6个方程的左边项如下：

$$L_o=\nabla\cdot\left(\frac{k_{ro}k}{\mu_o B_o}\nabla\Phi_o\right)+q_o-\tau_o \tag{4-83}$$

$$L_w=\nabla\cdot\left(\frac{k_{rw}k}{\mu_w B_w}\nabla\Phi_w\right)+q_w-\tau_w \tag{4-84}$$

$$L_g=\nabla\cdot\left(\frac{k_{rg}k}{\mu_g B_g}\nabla\Phi_g+R_{so}\frac{k_{ro}k}{\mu_o B_o}\nabla\Phi_o+R_{sw}\frac{k_{rw}k}{\mu_w B_w}\nabla\Phi_w\right)-q_g+\tau_g \tag{4-85}$$

$$L_{of}=\nabla\cdot\left\{\frac{k_{rof}}{\mu_{of}B_{of}}k_{fi}\exp[-\beta(\sigma_t-p_{of})]\nabla\Phi_{of}\right\}+q_{of}+\tau_o \tag{4-86}$$

$$L_{wf}=\nabla\cdot\left\{\frac{k_{rwf}}{\mu_{wf}B_{wf}}k_{fi}\exp[-\beta(\sigma_t-p_{of})]\nabla\Phi_{wf}\right\}+q_{wf}+\tau_w \tag{4-87}$$

$$L_{gf}=\nabla\cdot\left\{k_{fi}\exp[-\beta(\sigma_t-p_{of})]\left(\begin{array}{l}\dfrac{k_{rgf}}{\mu_{gf}B_{gf}}\nabla\Phi_{gf}+R_{sof}\dfrac{k_{rof}}{\mu_{of}B_{of}}\nabla\Phi_{of}\\+R_{swf}\dfrac{k_{rwf}}{\mu_{wf}B_{wf}}\nabla\Phi_{wf}\end{array}\right)\right\}+q_{gf}+\tau_g \tag{4-88}$$

于是原来的方程组(5-58)就可以化简为下面的形式：

$$\begin{cases} L_o = \dfrac{\partial}{\partial t}\left(\phi \dfrac{S_o}{B_o}\right) \\ L_w = \dfrac{\partial}{\partial t}\left(\phi \dfrac{S_w}{B_w}\right) \\ L_g = \dfrac{\partial}{\partial t}\left[\phi\left(\dfrac{S_g}{B_g} + R_{so}\dfrac{S_o}{B_o} + R_{sw}\dfrac{S_w}{B_w}\right)\right] \\ L_{of} = \dfrac{\partial}{\partial t}\left(\phi_f \dfrac{S_{of}}{B_{of}}\right) \\ L_{wf} = \dfrac{\partial}{\partial t}\left(\phi_f \dfrac{S_{wf}}{B_{wf}}\right) \\ L_{gf} = \dfrac{\partial}{\partial t}\left[\phi_f\left(\dfrac{S_{gf}}{B_{gf}} + R_{sof}\dfrac{S_{of}}{B_{of}} + R_{swf}\dfrac{S_{wf}}{B_{wf}}\right)\right] \end{cases} \tag{4-89}$$

在这里地层体积系数、气溶解度和孔隙度均为压力的函数，所以使用链式法则扩展方程组(4-89)的累积项(时间导数)。

以基质中油气水三相为例：

油相：
$$L_o = \frac{\partial}{\partial t}\left(\phi\frac{S_o}{B_o}\right) = \frac{\phi}{B_o}\frac{\partial S_o}{\partial t} + \left(\frac{S_o}{B_o}\frac{\partial\phi}{\partial P_o} - \frac{S_o\phi}{B_o^2}\frac{\partial B_o}{\partial P_o}\right)\frac{\partial P_o}{\partial t} \tag{4-90}$$

水相：
$$L_w = \frac{\partial}{\partial t}\left(\phi\frac{S_w}{B_w}\right) = \frac{\phi}{B_w}\frac{\partial S_w}{\partial t} + \left(\frac{S_w}{B_w}\frac{\partial\phi}{\partial P_w} - \frac{S_w\phi}{B_w^2}\frac{\partial B_w}{\partial P_w}\right)\frac{\partial P_w}{\partial t} \tag{4-91}$$

气相：
$$\begin{aligned} L_g &= \frac{\partial}{\partial t}\left[\phi\left(\frac{S_g}{B_g} + R_{so}\frac{S_o}{B_o} + R_{sw}\frac{S_w}{B_w}\right)\right] \\ &= \frac{\phi}{B_g}\frac{\partial S_g}{\partial t} + \left(\frac{S_g}{B_g}\frac{\partial\phi}{\partial P_o} - \frac{S_g\phi}{B_g^2}\frac{\partial B_g}{\partial P_o}\right)\frac{\partial P_o}{\partial t} + \frac{\phi R_{so}}{B_o}\frac{\partial S_o}{\partial t} \\ &\quad + \left(\frac{S_o R_{so}}{B_o}\frac{\partial\phi}{\partial P_o} + \frac{S_o\phi}{B_o}\frac{\partial R_{so}}{\partial P_o} - \frac{\phi S_o R_{so}}{B_o^2}\frac{\partial B_o}{\partial P_o}\right)\frac{\partial P_o}{\partial t} + \frac{\phi R_{sw}}{B_w}\frac{\partial S_w}{\partial t} \\ &\quad + \left(\frac{S_w R_{sw}}{B_w}\frac{\partial\phi}{\partial P_o} + \frac{S_w\phi}{B_w}\frac{\partial R_{sw}}{\partial P_o} - \frac{\phi S_w R_{sw}}{B_w^2}\frac{\partial B_w}{\partial P_o}\right)\frac{\partial P_o}{\partial t} \end{aligned} \tag{4-92}$$

使用饱和度条件：$S_o + S_g + S_w = 1$

上式对时间求导得到：

$$\frac{\partial S_g}{\partial t} = -\frac{\partial S_o}{\partial t} - \frac{\partial S_w}{\partial t} \tag{4-93}$$

将式(4-93)代入式(4-92)，化简得出

$$\begin{aligned}L_{\mathrm{g}}=&\left(\frac{\phi R_{\mathrm{so}}}{B_{\mathrm{o}}}-\frac{\phi}{B_{\mathrm{g}}}\right)\frac{\partial S_{\mathrm{o}}}{\partial t}+\left(\frac{\phi R_{\mathrm{sw}}}{B_{\mathrm{w}}}-\frac{\phi}{B_{\mathrm{g}}}\right)\frac{\partial S_{\mathrm{w}}}{\partial t}\\&+\left(\frac{S_{\mathrm{g}}}{B_{\mathrm{g}}}\frac{\partial\phi}{\partial P_{\mathrm{o}}}-\frac{S_{\mathrm{g}}\phi}{B_{\mathrm{g}}^{2}}\frac{\partial B_{\mathrm{g}}}{\partial P_{\mathrm{o}}}+\frac{S_{\mathrm{o}}R_{\mathrm{so}}}{B_{\mathrm{o}}}\frac{\partial\phi}{\partial P_{\mathrm{o}}}\right)\frac{\partial P_{\mathrm{o}}}{\partial t}\\&+\left(\frac{S_{\mathrm{o}}\phi}{B_{\mathrm{o}}}\frac{\partial R_{\mathrm{so}}}{\partial P_{\mathrm{o}}}-\frac{\phi S_{\mathrm{o}}R_{\mathrm{so}}}{B_{\mathrm{o}}^{2}}\frac{\partial B_{\mathrm{o}}}{\partial P_{\mathrm{o}}}\right)\frac{\partial P_{\mathrm{o}}}{\partial t}\\&+\frac{S_{\mathrm{w}}R_{\mathrm{sw}}}{B_{\mathrm{w}}}\frac{\partial\phi}{\partial P_{\mathrm{o}}}+\frac{S_{\mathrm{w}}\phi}{B_{\mathrm{w}}}\frac{\partial R_{\mathrm{sw}}}{\partial P_{\mathrm{o}}}-\frac{\phi S_{\mathrm{w}}R_{\mathrm{sw}}}{B_{\mathrm{w}}^{2}}\frac{\partial B_{\mathrm{w}}}{\partial P_{\mathrm{o}}}\Bigg)\frac{\partial P_{\mathrm{o}}}{\partial t}\end{aligned}\tag{4-94}$$

由此可以看出式(4-90)～式(4-92)中共包含P_{o}、S_{o}、S_{w}三个未知参数。将油相方程(4-90)乘以$(B_{\mathrm{o}}-R_{\mathrm{so}}B_{\mathrm{g}})$，水相方程(4-91)乘以$(B_{\mathrm{w}}-R_{\mathrm{sw}}B_{\mathrm{g}})$，气相方程(4-92)乘以$B_{\mathrm{g}}$，然后三式相加，得到

$$\begin{aligned}&\left(B_{\mathrm{o}}-R_{\mathrm{so}}B_{\mathrm{g}}\right)L_{\mathrm{o}}+\left(B_{\mathrm{w}}-R_{\mathrm{sw}}B_{\mathrm{g}}\right)L_{\mathrm{w}}+B_{\mathrm{g}}L_{\mathrm{g}}\\=&\left[\left(S_{\mathrm{o}}+S_{\mathrm{w}}+S_{\mathrm{g}}\right)\frac{\partial\phi}{\partial P_{\mathrm{o}}}-\frac{S_{\mathrm{g}}\phi}{B_{\mathrm{g}}}\frac{\partial B_{\mathrm{g}}}{\partial P_{\mathrm{o}}}\right]\frac{\partial P_{\mathrm{o}}}{\partial t}\\&+\left[\phi S_{\mathrm{o}}\left(\frac{B_{\mathrm{g}}}{B_{\mathrm{o}}}\frac{\partial R_{\mathrm{so}}}{\partial P_{\mathrm{o}}}-\frac{1}{B_{\mathrm{o}}}\frac{\partial B_{\mathrm{o}}}{\partial P_{\mathrm{o}}}\right)+\phi S_{\mathrm{w}}\left(\frac{B_{\mathrm{g}}}{B_{\mathrm{w}}}\frac{\partial R_{\mathrm{sw}}}{\partial P_{\mathrm{o}}}-\frac{1}{B_{\mathrm{w}}}\frac{\partial B_{\mathrm{w}}}{\partial P_{\mathrm{o}}}\right)\right]\frac{\partial P_{\mathrm{o}}}{\partial t}\end{aligned}\tag{4-95}$$

油、水、岩石、气的压缩系数及总的压缩系数分别定义为

$$c_{\mathrm{o}}=-\frac{1}{B_{\mathrm{o}}}\frac{\partial B_{\mathrm{o}}}{\partial P_{\mathrm{o}}}+\frac{B_{\mathrm{g}}}{B_{\mathrm{o}}}\frac{\partial R_{\mathrm{so}}}{\partial P_{\mathrm{o}}}\tag{4-96}$$

$$c_{\mathrm{w}}=-\frac{1}{B_{\mathrm{w}}}\frac{\partial B_{\mathrm{w}}}{\partial P_{\mathrm{o}}}+\frac{B_{\mathrm{g}}}{B_{\mathrm{w}}}\frac{\partial R_{\mathrm{sw}}}{\partial P_{\mathrm{o}}}\tag{4-97}$$

$$c_{\mathrm{r}}=\frac{1}{\phi}\frac{\partial\phi}{\partial P_{\mathrm{o}}}\tag{4-98}$$

$$c_{\mathrm{g}}=-\frac{1}{B_{\mathrm{g}}}\frac{\partial B_{\mathrm{g}}}{\partial P_{\mathrm{o}}}\tag{4-99}$$

$$c_{\mathrm{t}}=c_{\mathrm{r}}+c_{\mathrm{o}}S_{\mathrm{o}}+c_{\mathrm{w}}S_{\mathrm{w}}+c_{\mathrm{g}}S_{\mathrm{g}}\tag{4-100}$$

把以上式(4-96)～式(4-100)的定义用于式(4-95)得到

$$\left(B_{\mathrm{o}}-R_{\mathrm{so}}B_{\mathrm{g}}\right)L_{\mathrm{o}}+\left(B_{\mathrm{w}}-R_{\mathrm{sw}}B_{\mathrm{g}}\right)L_{\mathrm{w}}+B_{\mathrm{g}}L_{\mathrm{g}}=\phi c_{\mathrm{t}}\frac{\partial P_{\mathrm{o}}}{\partial t}\tag{4-101}$$

同理可以得到裂缝系统的压力方程为

$$\left(B_{\mathrm{of}}-R_{\mathrm{so}}B_{\mathrm{gf}}\right)L_{\mathrm{of}}+\left(B_{\mathrm{wf}}-R_{\mathrm{sw}}B_{\mathrm{gf}}\right)L_{\mathrm{wf}}+B_{\mathrm{gf}}L_{\mathrm{gf}}=\phi_{\mathrm{f}}c_{\mathrm{tf}}\frac{\partial P_{\mathrm{of}}}{\partial t}\tag{4-102}$$

很明显一旦数值求解了 P_o 和 P_{of} 的压力方程，就可以回代到式(4-95)，并使用饱和度的关系，最后求出相饱和度。这也是一般常用的数值方法——隐式压力显示饱和度法。

4.3.2　微分方程离散化

基质系统的压力方程(4-101)写成完整的表达式为

$$\begin{aligned}&\left(B_o-R_{so}B_g\right)\left[\nabla\cdot\left(\frac{k_{ro}k}{\mu_o B_o}\nabla\Phi_o\right)+q_o-\tau_o\right]\\&+\left(B_w-R_{sw}B_g\right)\left[\nabla\cdot\left(\frac{k_{rg}k}{\mu_g B_g}\nabla\Phi_g\right)+q_g-\tau_g\right]\\&+B_g\left[\nabla\cdot\left(\frac{k_{rg}k}{\mu_g B_g}\nabla\Phi_g\right)+\nabla\cdot\left(R_{so}\frac{k_{ro}k}{\mu_o B_o}\nabla\Phi_o\right)+\nabla\cdot\left(R_{sw}\frac{k_{rw}k}{\mu_w B_w}\nabla\Phi_w\right)-q_g+\tau_g\right]\\&=\phi c_t\frac{\partial P_o}{\partial t}\end{aligned}\tag{4-103}$$

将式(4-89)中油、水、气三部分的 L_o、L_w、L_g 写成三维空间的表达式(以 L_o 为例)：

$$L_o=\frac{\partial}{\partial x}\left(\frac{k_x k_{ro}}{\mu_o B_o}\frac{\partial\Phi_o}{\partial x}\right)+\frac{\partial}{\partial y}\left(\frac{k_y k_{ro}}{\mu_o B_o}\frac{\partial\Phi_o}{\partial y}\right)+\frac{\partial}{\partial z}\left(\frac{k_z k_{ro}}{\mu_o B_o}\frac{\partial\Phi_o}{\partial z}\right)-\tau_o+q_o\tag{4-104}$$

对式(4-104)进行差分离散得到

$$\begin{aligned}L_o=&\frac{\left(\frac{k_x k_{ro}}{\mu_o B_o}\right)_{i+1/2,j,k}\frac{(\Phi_o)_{i+1,j,k}-(\Phi_o)_{i,j,k}}{x_{i+1}-x_i}-\left(\frac{k_x k_{ro}}{\mu_o B_o}\right)_{i-1/2,j,k}\frac{(\Phi_o)_{i,j,k}-(\Phi_o)_{i-1,j,k}}{x_i-x_{i-1}}}{x_{i+1/2}-x_{i-1/2}}\\&+\frac{\left(\frac{k_y k_{ro}}{\mu_o B_o}\right)_{i,j+1/2,k}\frac{(\Phi_o)_{i,j+1,k}-(\Phi_o)_{i,j,k}}{y_{j+1}-y_j}-\left(\frac{k_y k_{ro}}{\mu_o B_o}\right)_{i,j-1/2,k}\frac{(\Phi_o)_{i,j,k}-(\Phi_o)_{i,j-1,k}}{y_j-y_{j-1}}}{y_{j+1/2}-y_{j-1/2}}\\&+\frac{\left(\frac{k_z k_{ro}}{\mu_o B_{om}}\right)_{i,j,k+1/2}\frac{(\Phi_o)_{i,j,k+1}-(\Phi_o)_{i,j,k}}{z_{k+1}-z_k}-\left(\frac{k_z k_{ro}}{\mu_o B_o}\right)_{i,j,k-1/2}\frac{(\Phi_o)_{i,j,k}-(\Phi_o)_{i,j,k-1}}{z_k-z_{k-1}}}{z_{k+1/2}-z_{k-1/2}}\\&-(\tau_o)_{i,j,k}+(q_o)_{i,j,k}\end{aligned}\tag{4-105}$$

式(4-105)两端同乘以 $\left(x_{i+1/2}-x_{i-1/2}\right)\left(y_{j+1/2}-y_{j-1/2}\right)\left(z_{k+1/2}-z_{k-1/2}\right)$，并整理方程，得到

$$
\begin{aligned}
V_{i,j,k}L_{\text{o}} = &\left(T_{\text{ox}}\right)_{i+1/2,j,k}\left[\left(\Phi_{\text{o}}\right)_{i+1,j,k}-\left(\Phi_{\text{o}}\right)_{i,j,k}\right]-\left(T_{\text{ox}}\right)_{i-1/2,j,k}\left[\left(\Phi_{\text{o}}\right)_{i,j,k}-\left(\Phi_{\text{o}}\right)_{i-1,j,k}\right] \\
&+\left(T_{\text{oy}}\right)_{i,j+1/2,k}\left[\left(\Phi_{\text{o}}\right)_{i,j+1,k}-\left(\Phi_{\text{o}}\right)_{i,j,k}\right]-\left(T_{\text{oy}}\right)_{i,j-1/2,k}\left[\left(\Phi_{\text{o}}\right)_{i,j,k}-\left(\Phi_{\text{o}}\right)_{i,j-1,k}\right] \\
&+\left(T_{\text{oz}}\right)_{i,j,k+1/2}\left[\left(\Phi_{\text{o}}\right)_{i,j,k+1}-\left(\Phi_{\text{o}}\right)_{i,j,k}\right]-\left(T_{\text{oz}}\right)_{i,j,k-1/2}\left[\left(\Phi_{\text{o}}\right)_{i,j,k}-\left(\Phi_{\text{o}}\right)_{i,j,k-1}\right] \\
&-V_{i,j,k}\left(\tau_{\text{o}}\right)_{i,j,k}+V_{i,j,k}\left(q_{\text{o}}\right)_{i,j,k}
\end{aligned}
\tag{4-106}
$$

其中，

$$
\left(T_{\text{ox}}\right)_{i+1/2,j,k}=\frac{\left(y_{j+1/2}-y_{j-1/2}\right)\left(z_{k+1/2}-z_{k-1/2}\right)}{x_{i+1}-x_{i}}\left(\frac{k_{\text{x}}k_{\text{ro}}}{\mu_{\text{o}}B_{\text{o}}}\right)_{i+1/2,j,k} \tag{4-107}
$$

$$
\left(T_{\text{ox}}\right)_{i-1/2,j,k}=\frac{\left(y_{j+1/2}-y_{j-1/2}\right)\left(z_{k+1/2}-z_{k-1/2}\right)}{x_{i}-x_{i-1}}\left(\frac{k_{\text{x}}k_{\text{ro}}}{\mu_{\text{o}}B_{\text{o}}}\right)_{i-1/2,j,k} \tag{4-108}
$$

$$
\left(T_{\text{oy}}\right)_{i,j+1/2,k}=\frac{\left(x_{i+1/2}-x_{i-1/2}\right)\left(z_{k+1/2}-z_{k-1/2}\right)}{y_{j+1}-y_{j}}\left(\frac{k_{\text{y}}k_{\text{ro}}}{\mu_{\text{o}}B_{\text{o}}}\right)_{i,j+1/2,k} \tag{4-109}
$$

$$
\left(T_{\text{oy}}\right)_{i,j-1/2,k}=\frac{\left(x_{i+1/2}-x_{i-1/2}\right)\left(z_{k+1/2}-z_{k-1/2}\right)}{y_{j}-y_{j-1}}\left(\frac{k_{\text{y}}k_{\text{ro}}}{\mu_{\text{o}}B_{\text{o}}}\right)_{i,j-1/2,k} \tag{4-110}
$$

$$
\left(T_{\text{oz}}\right)_{i,j,k+1/2}=\frac{\left(x_{i+1/2}-x_{i-1/2}\right)\left(y_{j+1/2}-y_{j-1/2}\right)}{z_{k+1}-z_{k}}\left(\frac{k_{\text{z}}k_{\text{ro}}}{\mu_{\text{o}}B_{\text{o}}}\right)_{i,j,k+1/2} \tag{4-111}
$$

$$
\left(T_{\text{oz}}\right)_{i,j,k-1/2}=\frac{\left(x_{i+1/2}-x_{i-1/2}\right)\left(z_{k+1/2}-z_{k-1/2}\right)}{z_{k}-z_{k-1}}\left(\frac{k_{\text{z}}k_{\text{ro}}}{\mu_{\text{o}}B_{\text{o}}}\right)_{i,j,k-1/2} \tag{4-112}
$$

$$
V_{i,j,k}=\left(x_{i+1/2}-x_{i-1/2}\right)\left(y_{j+1/2}-y_{j-1/2}\right)\left(z_{k+1/2}-z_{k-1/2}\right) \tag{4-113}
$$

式中，$\left(T_{\text{ox}}\right)_{i+1/2,j,k}$—基质网格块$(i,j,k)$的右边界上在$x$方向对油的传导率；

$V_{i,j,k}$—网格块(i,j,k)的体积；

i、j、k—脚标，代表网格节点位置；

现定义：

$$
\begin{aligned}
\Delta_{x}T_{\text{ox}}\Delta_{x}\Phi_{\text{o}}=&\left(T_{\text{ox}}\right)_{i+1/2,j,k}\left[\left(\Phi_{\text{o}}\right)_{i+1,j,k}-\left(\Phi_{\text{o}}\right)_{i,j,k}\right] \\
&-\left(T_{\text{ox}}\right)_{i-1/2,j,k}\left[\left(\Phi_{\text{o}}\right)_{i,j,k}-\left(\Phi_{\text{o}}\right)_{i-1,j,k}\right]
\end{aligned}
\tag{4-114}
$$

$$
\begin{aligned}
\Delta_{y}T_{\text{oy}}\Delta_{y}\Phi_{\text{o}}=&\left(T_{\text{oy}}\right)_{i,j+1/2,k}\left[\left(\Phi_{\text{o}}\right)_{i,j+1,k}-\left(\Phi_{\text{o}}\right)_{i,j,k}\right] \\
&-\left(T_{\text{oy}}\right)_{i,j-1/2,k}\left[\left(\Phi_{\text{o}}\right)_{i,j,k}-\left(\Phi_{\text{o}}\right)_{i,j-1,k}\right]
\end{aligned}
\tag{4-115}
$$

$$
\begin{aligned}
\Delta_{z}T_{\text{oz}}\Delta_{z}\Phi_{\text{o}}=&\left(T_{\text{oz}}\right)_{i,j,k+1/2}\left[\left(\Phi_{\text{o}}\right)_{i,j,k+1}-\left(\Phi_{\text{o}}\right)_{i,j,k}\right] \\
&-\left(T_{\text{oz}}\right)_{i,j,k-1/2}\left[\left(\Phi_{\text{o}}\right)_{i,j,k}-\left(\Phi_{\text{o}}\right)_{i,j,k-1}\right]
\end{aligned}
\tag{4-116}
$$

$$\Delta T_{\mathrm{o}}\Delta \Phi_{\mathrm{o}}=\Delta_{x}T_{\mathrm{o}x}\Delta_{x}\Phi_{\mathrm{o}}+\Delta_{y}T_{\mathrm{o}y}\Delta_{y}\Phi_{\mathrm{o}}+\Delta_{z}T_{\mathrm{o}z}\Delta_{z}\Phi_{\mathrm{o}} \tag{4-117}$$

于是，式(4-106)可以简写为

$$V_{i,j,k}L_{\mathrm{o}}=\Delta T_{\mathrm{o}}\Delta \Phi_{\mathrm{o}}-V_{i,j,k}\left(\tau_{\mathrm{o}}\right)_{i,j,k}+V_{i,j,k}\left(q_{\mathrm{o}}\right)_{i,j,k} \tag{4-118}$$

同理，可推导得基质中 L_{w} 、 L_{g} 的差分方程。

基质系统中水相的差分方程：

$$V_{i,j,k}L_{\mathrm{w}}=\Delta T_{\mathrm{w}}\Delta \Phi_{\mathrm{w}}-V_{i,j,k}\left(\tau_{\mathrm{w}}\right)_{i,j,k}+V_{i,j,k}\left(q_{\mathrm{w}}\right)_{i,j,k} \tag{4-119}$$

基质系统中气相的差分方程：

$$V_{i,j,k}L_{\mathrm{g}}=\Delta T_{\mathrm{g}}\Delta \Phi_{\mathrm{g}}+R_{\mathrm{so}}\Delta T_{\mathrm{o}}\Delta \Phi_{\mathrm{o}}+R_{\mathrm{sw}}\Delta T_{\mathrm{w}}\Delta \Phi_{\mathrm{w}}-V_{i,j,k}\left(\tau_{\mathrm{g}}\right)_{i,j,k}+V_{i,j,k}\left(q_{\mathrm{g}}\right)_{i,j,k} \tag{4-120}$$

这样基质系统的 L_{o} 、 L_{w} 、 L_{g} 已经被完整的差分，将差分结果代入式(4-101)中，并且两边同乘以 $V_{i,j,k}$ 得到

$$\begin{aligned}&\left(B_{\mathrm{o}}-R_{\mathrm{so}}B_{\mathrm{g}}\right)\left[\Delta T_{\mathrm{o}}\Delta \Phi_{\mathrm{o}}-V_{i,j,k}\left(\tau_{\mathrm{o}}\right)_{i,j,k}+V_{i,j,k}\left(q_{\mathrm{o}}\right)_{i,j,k}\right]\\&+\left(B_{\mathrm{w}}-R_{\mathrm{sw}}B_{\mathrm{g}}\right)\left[\Delta T_{\mathrm{w}}\Delta \Phi_{\mathrm{w}}-V_{i,j,k}\left(\tau_{\mathrm{w}}\right)_{i,j,k}+V_{i,j,k}\left(q_{\mathrm{w}}\right)_{i,j,k}\right]\\&+B_{\mathrm{g}}\left[\Delta T_{\mathrm{g}}\Delta \Phi_{\mathrm{g}}+R_{\mathrm{so}}\Delta T_{\mathrm{o}}\Delta \Phi_{\mathrm{o}}+R_{\mathrm{sw}}\Delta T_{\mathrm{w}}\Delta \Phi_{\mathrm{w}}-V_{i,j,k}\left(\tau_{\mathrm{g}}\right)_{i,j,k}+V_{i,j,k}\left(q_{\mathrm{g}}\right)_{i,j,k}\right]\\&=V_{i,j,k}\phi c_{\mathrm{t}}\frac{\partial P_{\mathrm{o}}}{\partial t}\end{aligned} \tag{4-121}$$

以上对压力方程左端项进行空间离散，现对上述压力差分方程取隐式格式，对压力方程右端项在时间上离散，可以得到

$$\begin{aligned}&\left(B_{\mathrm{o}}-R_{\mathrm{so}}B_{\mathrm{g}}\right)^{n}\left[\Delta T_{\mathrm{o}}^{n}\Delta \Phi_{\mathrm{o}}^{n+1}-V_{i,j,k}^{n}\left(\tau_{\mathrm{o}}\right)_{i,j,k}^{n}+V_{i,j,k}^{n}\left(q_{\mathrm{o}}\right)_{i,j,k}^{n}\right]\\&+\left(B_{\mathrm{w}}-R_{\mathrm{sw}}B_{\mathrm{g}}\right)^{n}\left[\Delta T_{\mathrm{w}}^{n}\Delta \Phi_{\mathrm{w}}^{n+1}-V_{i,j,k}^{n}\left(\tau_{\mathrm{w}}\right)_{i,j,k}^{n}+V_{i,j,k}^{n}\left(q_{\mathrm{w}}\right)_{i,j,k}^{n}\right]\\&+B_{\mathrm{g}}^{n}\left[\Delta T_{\mathrm{g}}^{n}\Delta \Phi_{\mathrm{g}}^{n+1}+R_{\mathrm{so}}^{n}\Delta T_{\mathrm{o}}^{n}\Delta \Phi_{\mathrm{o}}^{n+1}+R_{\mathrm{sw}}^{n}\Delta T_{\mathrm{w}}^{n}\Delta \Phi_{\mathrm{w}}^{n+1}-V_{i,j,k}^{n}\left(\tau_{\mathrm{g}}\right)_{i,j,k}^{n}+V_{i,j,k}^{n}\left(q_{\mathrm{g}}\right)_{i,j,k}^{n}\right]\\&=\left(\phi c_{\mathrm{t}}V_{i,j,k}\right)^{n}\frac{\left(P_{\mathrm{o}}^{n+1}-P_{\mathrm{o}}^{n}\right)}{\Delta t}\end{aligned} \tag{4-122}$$

4.3.3　差分方程的线性化

上面的压力方程是非线性方程，要求解必须将其变成线性方程。在将式(4-122)线性化之前先作以下几点约定： $\delta x=x^{n+1}-x^{n}$ ，即 δx 表示一定时间段内变量 x 的变化。

假设毛管压力 P_{cwo} 、P_{cwof} 、P_{cgo} 、P_{cgof} 为常数，即 $\delta P_{\mathrm{cwo}}=0$ 、$\delta P_{\mathrm{cwof}}=0$ 、$\delta P_{\mathrm{cgo}}=0$ 、$\delta P_{\mathrm{cgof}}=0$ ，得到

$$\delta P_{\mathrm{w}}=\delta P_{\mathrm{o}}-\delta P_{\mathrm{cwo}}=\delta P_{\mathrm{o}}=\delta P \tag{4-123}$$

$$\delta P_{g} = \delta P_{o} + \delta P_{cgo} = \delta P_{o} = \delta P \tag{4-124}$$

$$\delta P_{wf} = \delta P_{of} - \delta P_{cwof} = \delta P_{of} = \delta P_{f} \tag{4-125}$$

$$\delta P_{gf} = \delta P_{of} + \delta P_{cgof} = \delta P_{of} = \delta P_{f} \tag{4-126}$$

同时假定启动压力梯度在一时间段内为常数，即

$$\delta G_{w} = \delta G_{o} = 0 \tag{4-127}$$

则在某一时间步，势函数Φ的增量为

$$\begin{aligned}\Phi_{w}^{n+1} - \Phi_{w}^{n} &= \left(P_{o} - P_{cwo} - \gamma_{w} D - G_{w} F\right)^{n+1} - \left(P_{o} - P_{cwo} - \gamma_{w} D - G_{w} F\right)^{n} \\ &\approx P_{o}^{n+1} - P_{o}^{n} = \delta P_{o}\end{aligned} \tag{4-128}$$

即

$$\Phi_{w}^{n+1} = \Phi_{w}^{n} + \delta P_{o} \tag{4-129}$$

同理：

$$\Phi_{o}^{n+1} = \Phi_{o}^{n} + \delta P_{o} \tag{4-130}$$

$$\Phi_{g}^{n+1} = \Phi_{g}^{n} + \delta P_{o} \tag{4-131}$$

$$\Phi_{wf}^{n+1} = \Phi_{wf}^{n} + \delta P_{of} \tag{4-132}$$

$$\Phi_{of}^{n+1} = \Phi_{of}^{n} + \delta P_{of} \tag{4-133}$$

$$\Phi_{gf}^{n+1} = \Phi_{gf}^{n} + \delta P_{of} \tag{4-134}$$

在以上约定的基础上，对压力方程进行线性化处理。由于式(4-122)线性化的关键是对流动势项的展开处理，并且油、水、气三相流动势的处理方法一样，所以下面以油相流动势的展开为例进行推导。首先将式(4-122)中油相流动势展开得到

$$\begin{aligned}&\Delta T_{o}^{n} \Delta \Phi_{o}^{n+1} \\ &= \Delta_{x} T_{ox}^{n} \Delta_{x} \Phi_{o}^{n+1} + \Delta_{y} T_{oy}^{n} \Delta_{y} \Phi_{o}^{n+1} + \Delta_{z} T_{oz}^{n} \Delta_{z} \Phi_{o}^{n+1} \\ &= \left(T_{ox}\right)_{i+1/2,j,k}^{n} \left[\left(\Phi_{o}\right)_{i+1,j,k}^{n+1} - \left(\Phi_{o}\right)_{i,j,k}^{n+1}\right] - \left(T_{ox}\right)_{i-1/2,j,k}^{n} \left[\left(\Phi_{o}\right)_{i,j,k}^{n+1} - \left(\Phi_{o}\right)_{i-1,j,k}^{n+1}\right] \\ &\quad + \left(T_{oy}\right)_{i,j+1/2,k}^{n} \left[\left(\Phi_{o}\right)_{i,j+1,k}^{n+1} - \left(\Phi_{o}\right)_{i,j,k}^{n+1}\right] - \left(T_{oy}\right)_{i,j-1/2,k}^{n} \left[\left(\Phi_{o}\right)_{i,j,k}^{n+1} - \left(\Phi_{o}\right)_{i,j-1,k}^{n+1}\right] \\ &\quad + \left(T_{oz}\right)_{i,j,k+1/2}^{n} \left[\left(\Phi_{o}\right)_{i,j,k+1}^{n+1} - \left(\Phi_{o}\right)_{i,j,k}^{n+1}\right] - \left(T_{oz}\right)_{i,j,k-1/2}^{n} \left[\left(\Phi_{o}\right)_{i,j,k}^{n+1} - \left(\Phi_{o}\right)_{i,j,k-1}^{n+1}\right]\end{aligned} \tag{4-135}$$

其中：

$$\begin{aligned}&\left(T_{ox}\right)_{i+1/2,j,k}^{n} \left[\left(\Phi_{o}\right)_{i+1,j,k}^{n+1} - \left(\Phi_{o}\right)_{i,j,k}^{n+1}\right] - \left(T_{ox}\right)_{i-1/2,j,k}^{n} \left[\left(\Phi_{o}\right)_{i,j,k}^{n+1} - \left(\Phi_{o}\right)_{i-1,j,k}^{n+1}\right] \\ &= (T_{ox})_{i+1/2,j,k} \left[(\Phi_{o})_{i+1,j,k}^{n} - (\Phi_{o})_{i,j,k}^{n} + \delta P_{i+1} - \delta P_{i}\right] \\ &\quad - (T_{ox})_{i-1/2,j,k} \left[(\Phi_{o})_{i,j,k}^{n} - (\Phi_{o})_{i-1,j,k}^{n} + \delta P_{i} - \delta P_{i-1}\right]\end{aligned} \tag{4-136}$$

在y,z方向也同样处理，对于气、水相的流动势可按类似的方法作展开。

于是油相方程可以写为

$$
\begin{aligned}
\Delta T_{\mathrm{o}}{}^{n}\Delta\Phi_{\mathrm{o}}^{n+1}=&(T_{\mathrm{o}})^{n}_{i+\frac{1}{2},j,k}\left[(\Phi_{\mathrm{o}})^{n}_{i+1,j,k}-(\Phi_{\mathrm{o}})^{n}_{i,j,k}+\delta P_{i+1}-\delta P_{i}\right]\\
&-(T_{\mathrm{o}})^{n}_{i-\frac{1}{2},j,k}\left[(\Phi_{\mathrm{o}})^{n}_{i,j,k}-(\Phi_{\mathrm{o}})^{n}_{i-1,j,k}+\delta P_{i}-\delta P_{i-1}\right]\\
&+(T_{\mathrm{o}})^{n}_{i,j+\frac{1}{2},k}\left[(\Phi_{\mathrm{o}})^{n}_{i,j+1,k}-(\Phi_{\mathrm{o}})^{n}_{i,j,k}+\delta P_{\mathrm{j+1}}-\delta P_{\mathrm{j}}\right]\\
&-(T_{\mathrm{o}})^{n}_{i,j-\frac{1}{2},k}\left[(\Phi_{\mathrm{o}})^{n}_{i,j,k}-(\Phi_{\mathrm{o}})^{n}_{i,j-1,k}+\delta P_{\mathrm{j}}-\delta P_{\mathrm{j-1}}\right]\\
&+(T_{\mathrm{o}})^{n}_{i,j,k+\frac{1}{2}}\left[(\Phi_{\mathrm{o}})^{n}_{i,j,k+1}-(\Phi_{\mathrm{o}})^{n}_{i,j,k}+\delta P_{\mathrm{k+1}}-\delta P_{\mathrm{k}}\right]\\
&-(T_{\mathrm{o}})^{n}_{i,j,k-\frac{1}{2}}\left[(\Phi_{\mathrm{o}})^{n}_{i,j,k}-(\Phi_{\mathrm{o}})^{n}_{i,j,k-1}+\delta P_{\mathrm{k}}-\delta P_{\mathrm{k-1}}\right]\\
&-V^{n}_{i,j,k}\left(\tau_{\mathrm{o}}\right)^{n}_{i,j,k}+V^{n}_{i,j,k}\left(q_{\mathrm{o}}\right)^{n}_{i,j,k}
\end{aligned}
\tag{4-137}
$$

同理可以得到水相和气相的流动势方程分别为

水相：

$$
\begin{aligned}
\Delta T_{\mathrm{w}}^{n}\Delta\Phi_{\mathrm{w}}^{n+1}=&(T_{\mathrm{w}})^{n}_{i+\frac{1}{2},j,k}\left[(\Phi_{\mathrm{w}})^{n}_{i+1,j,k}-(\Phi_{\mathrm{w}})^{n}_{i,j,k}+\delta P_{i+1}-\delta P_{i}\right]\\
&-(T_{\mathrm{w}})^{n}_{i-\frac{1}{2},j,k}\left[(\Phi_{\mathrm{w}})^{n}_{i,j,k}-(\Phi_{\mathrm{w}})^{n}_{i-1,j,k}+\delta P_{i}-\delta P_{i-1}\right]\\
&+(T_{\mathrm{w}})^{n}_{i,j+\frac{1}{2},k}\left[(\Phi_{\mathrm{w}})^{n}_{i,j+1,k}-(\Phi_{\mathrm{w}})^{n}_{i,j,k}+\delta P_{j+1}-\delta P_{j}\right]\\
&-(T_{\mathrm{w}})^{n}_{i,j-\frac{1}{2},k}\left[(\Phi_{\mathrm{w}})^{n}_{i,j,k}-(\Phi_{\mathrm{w}})^{n}_{i,j-1,k}+\delta P_{j}-\delta P_{j-1}\right]\\
&+(T_{\mathrm{w}})^{n}_{i,j,k+\frac{1}{2}}\left[(\Phi_{\mathrm{w}})^{n}_{i,j,k+1}-(\Phi_{\mathrm{w}})^{n}_{i,j,k}+\delta P_{k+1}-\delta P_{k}\right]\\
&-(T_{\mathrm{w}})^{n}_{i,j,k-\frac{1}{2}}\left[(\Phi_{\mathrm{w}})^{n}_{i,j,k}-(\Phi_{\mathrm{w}})^{n}_{i,j,k-1}+\delta P_{k}-\delta P_{k-1}\right]\\
&-V^{n}_{i,j,k}\left(\tau_{\mathrm{w}}\right)^{n}_{i,j,k}+V^{n}_{i,j,k}\left(q_{\mathrm{w}}\right)^{n}_{i,j,k}
\end{aligned}
\tag{4-138}
$$

气相：

$$
\begin{aligned}
\Delta T_{\mathrm{g}}^{n}\Delta\Phi_{\mathrm{g}}^{n+1}=&(T_{\mathrm{g}})^{n}_{i+\frac{1}{2},j,k}\left[(\Phi_{\mathrm{g}})^{n}_{i+1,j,k}-(\Phi_{\mathrm{g}})^{n}_{i,j,k}+\delta P_{i+1}-\delta P_{i}\right]\\
&-(T_{\mathrm{g}})^{n}_{i-\frac{1}{2},j,k}\left[(\Phi_{\mathrm{g}})^{n}_{i,j,k}-(\Phi_{\mathrm{g}})^{n}_{i-1,j,k}+\delta P_{i}-\delta P_{i-1}\right]\\
&+(T_{\mathrm{g}})^{n}_{i,j+\frac{1}{2},k}\left[(\Phi_{\mathrm{g}})^{n}_{i,j+1,k}-(\Phi_{\mathrm{g}})^{n}_{i,j,k}+\delta P_{j+1}-\delta P_{j}\right]\\
&-(T_{\mathrm{g}})^{n}_{i,j-\frac{1}{2},k}\left[(\Phi_{\mathrm{g}})^{n}_{i,j,k}-(\Phi_{\mathrm{g}})^{n}_{i,j-1,k}+\delta P_{j}-\delta P_{j-1}\right]\\
&+(T_{\mathrm{g}})^{n}_{i,j,k+\frac{1}{2}}\left[(\Phi_{\mathrm{g}})^{n}_{i,j,k+1}-(\Phi_{\mathrm{g}})^{n}_{i,j,k}+\delta P_{k+1}-\delta P_{k}\right]\\
&-(T_{\mathrm{g}})^{n}_{i,j,k-\frac{1}{2}}\left[(\Phi_{\mathrm{g}})^{n}_{i,j,k}-(\Phi_{\mathrm{g}})^{n}_{i,j,k-1}+\delta P_{k}-\delta P_{k-1}\right]\\
&-V^{n}_{i,j,k}\left(\tau_{\mathrm{g}}\right)^{n}_{i,j,k}+V^{n}_{i,j,k}\left(q_{\mathrm{g}}\right)^{n}_{i,j,k}
\end{aligned}
\tag{4-139}
$$

式(4-122)的右边项也可以用同样的方法处理，得到

$$\left(\phi c_{\mathrm{t}} V_{i,j,k}\right)^n \frac{\left[P_{i,j,k}^{n+1}-P_{i,j,k}^n\right]}{\Delta t^n}=\left(\phi c_{\mathrm{t}} V_{i,j,k}\right)^n \frac{\delta P_{\mathrm{i}}}{\Delta t^n} \tag{4-140}$$

将式(4-137)～式(4-140)代入到压力方程(4-122)得到

$$\begin{aligned} & D_{i-\frac{1}{2}} \delta P_{i-1}+D_{j-\frac{1}{2}} \delta P_{j-1}+D_{k-\frac{1}{2}} \delta P_{k-1}+\mathrm{DIA} \delta P_i \\ & +D_{i+\frac{1}{2}} \delta P_{i+1}+D_{j+\frac{1}{2}} \delta P_{j+1}+D_{k+\frac{1}{2}} \delta P_{k+1}=\mathrm{SECT} \end{aligned} \tag{4-141}$$

其中：

$$D_{\mathrm{u}}=\left(B_{\mathrm{o}}-R_{\mathrm{so}} B_{\mathrm{g}}\right)^n T_{\mathrm{o,u}}^n+\left(B_{\mathrm{w}}-R_{\mathrm{sw}} B_{\mathrm{g}}\right)^n T_{\mathrm{w,u}}^n+B_{\mathrm{g}}^n T_{\mathrm{g,u}}^n \tag{4-142}$$

$$\begin{aligned} \mathrm{DIA}= & -\left(B_{\mathrm{o}}-R_{\mathrm{so}} B_{\mathrm{g}}\right)^n\left(T_{\mathrm{o}, i+\frac{1}{2}}^n+T_{\mathrm{o}, i+\frac{1}{2}}^n\right)-\left(B_{\mathrm{w}}-R_{\mathrm{sw}} B_{\mathrm{g}}\right)^n\left(T_{\mathrm{w}, j+\frac{1}{2}}^n+T_{\mathrm{w}, j+\frac{1}{2}}^n\right) \\ & -B_{\mathrm{g}}^n\left(T_{\mathrm{g}, k+\frac{1}{2}}^n+T_{\mathrm{g}, k+\frac{1}{2}}^n\right) \end{aligned} \tag{4-143}$$

$$\mathrm{SECT}=\left(B_{\mathrm{o}}-R_{\mathrm{so}} B_{\mathrm{g}}\right)^n \beta_{\mathrm{o}}+\left(B_{\mathrm{w}}-R_{\mathrm{sw}} B_{\mathrm{g}}\right) \beta_{\mathrm{w}}+B_{\mathrm{g}} \beta_{\mathrm{g}}+\mathrm{EO} \tag{4-144}$$

$$\beta_{\mathrm{l}}=\sum_{u=i,j,k} T_{\mathrm{l}, u+\frac{1}{2}}^n\left[\left(\Phi_{\mathrm{l}}\right)_{u+1}^n-\left(\Phi_{\mathrm{l}}\right)_u^n\right]-\sum_{u=i,j,k} T_{\mathrm{l}, u-\frac{1}{2}}^n\left[\left(\Phi_{\mathrm{l}}\right)_u^n-\left(\Phi_{\mathrm{l}}\right)_{u-1}^n\right] \tag{4-145}$$

$$\begin{aligned} \mathrm{EO}= & \left(B_{\mathrm{o}}-R_{\mathrm{so}} B_{\mathrm{g}}\right)^n\left[V_{i,j,k}^n\left(q_{\mathrm{o}}\right)_{i,j,k}^n-V_{i,j,k}^n\left(\tau_{\mathrm{o}}\right)_{i,j,k}^n\right] \\ & +\left(B_{\mathrm{w}}-R_{\mathrm{sw}} B_{\mathrm{g}}\right)^n\left[V_{i,j,k}^n\left(q_{\mathrm{w}}\right)_{i,j,k}^n-V_{i,j,k}^n\left(\tau_{\mathrm{w}}\right)_{i,j,k}^n\right] \\ & +B_{\mathrm{g}}^n\left[V_{i,j,k}^n\left(q_{\mathrm{g}}\right)_{i,j,k}^n-V_{i,j,k}^n\left(\tau_{\mathrm{g}}\right)_{i,j,k}^n\right] \end{aligned} \tag{4-146}$$

以上推导出了基质系统的压力方程的线性化方程，按照同样的方法可以得到裂缝系统的压力方程的线性化方程：

$$\begin{aligned} & \left(D_{\mathrm{f}}\right)_{i-\frac{1}{2}} \delta\left(P_{\mathrm{f}}\right)_{i-1}+\left(D_{\mathrm{f}}\right)_{j-\frac{1}{2}} \delta\left(P_{\mathrm{f}}\right)_{j-1}+\left(D_{\mathrm{f}}\right)_{k-\frac{1}{2}} \delta\left(P_{\mathrm{f}}\right)_{k-1}+\mathrm{DIA}_{\mathrm{f}} \delta\left(P_{\mathrm{f}}\right)_i \\ & +\left(D_{\mathrm{f}}\right)_{i+\frac{1}{2}} \delta\left(P_{\mathrm{f}}\right)_{i+1}+\left(D_{\mathrm{f}}\right)_{j+\frac{1}{2}} \delta\left(P_{\mathrm{f}}\right)_{j+1}+\left(D_{\mathrm{f}}\right)_{k+\frac{1}{2}} \delta\left(P_{\mathrm{f}}\right)_{k+1}=\mathrm{SECT}_{\mathrm{f}} \end{aligned} \tag{4-147}$$

由于多了应力敏感项，少了启动压力梯度项，裂缝系统的系数项和基质系统也不一样。

到此为止，要得到压力变化值δP，需对所有节点的压力方程联立求解，压力方程是以压力增量为变量，对基质系统和裂缝系统的每一个节点进行分析计算得到。此时将其代回原油、水、气方程，便可以求出δS_{o}、δS_{w}、δS_{g}。而裂缝和基质系统又通过窜流项彼此联系起来，在第一个时间步根据初始的基质系统和裂缝系统的压力计算窜流量，在第二个时间步需要用第一个时间步刚计算的压力

来求窜流量。所以必须在一个时间步同时解出裂缝系统和基质系统的压力才行。为了解决裂缝性低渗透油藏数值模拟问题，对线性化处理后得到的计算基质压力和裂缝压力的两个线性方程进行求解即可。

4.3.4　线性方程组的解法

从式(4-122)可以看出，压力方程的系数矩阵线性化得到油藏数值模拟问题的典型系数矩阵结构——七对角矩阵。线松弛迭代法对各种非均质问题适应性强、应用广泛、收敛速度快，且是一种在油藏模拟中使用最早，应用最多的方法。本书求解采用超松弛方法中的逐次线松弛迭代。求解一般思路如下所述。

将前面得到的差分方程组写为

$$\begin{bmatrix} \ddots & \ddots & \ddots & \ddots & \ddots & 0 & 0 \\ \ddots & \ddots & \ddots & \ddots & e & l & 0 \\ \ddots & \ddots & \ddots & c & d & \ddots & \ddots \\ 0 & \ddots & \ddots & b & \ddots & \ddots & \ddots \\ 0 & 0 & h & a & \ddots & \ddots & \ddots \\ 0 & 0 & 0 & \ddots & \ddots & \ddots & \ddots \\ 0 & 0 & 0 & 0 & \ddots & \ddots & \ddots \end{bmatrix} \begin{bmatrix} x_1 \\ x_2 \\ x_3 \\ \vdots \\ \vdots \\ x_{n-1} \\ x_n \end{bmatrix} = \begin{bmatrix} G_1 \\ G_2 \\ G_3 \\ \vdots \\ \vdots \\ G_{n-1} \\ G_n \end{bmatrix} \tag{4-148}$$

在第一个方程中把 x_1 用其他未知变量表示，第二个方程中把 x_2 用其他未知变量表示，……，第 n 个方程中把 x_n 用其他未知变量表示，给定初值后，代入计算，同一迭代步前面方程计算的值也要代入后面迭代方程的计算中，即高斯-赛德尔迭代法的思想。高斯-赛德尔方法的迭代值 $\tilde{x}_i^{(k+1)}$ 与前一步的结果 $x_i^{(k)}$ 进行适当线性组合，构成一个收敛速度较快的近似解序列即为线松弛迭代法。

其思想是先用赛德尔迭代算式的分量形式定义一个辅助量。

$$\tilde{x}_i^{(k+1)} = \frac{1}{a_{ii}}\left(b_i - \sum_{j=1}^{i-1} a_{ij} x_j^{(k+1)} - \sum_{j=i+1}^{n} a_{ij} x_j^{(k)}\right) \tag{4-149}$$

将它与 $x_i^{(k)}$ 的加权平均作为 $x_i^{(k+1)}$，即

$$x_i^{(k+1)} = (1-\omega)x_i^{(k)} + \omega\tilde{x}_i^{k+1} \qquad (i = 1, 2, \cdots, n) \tag{4-150}$$

所以

$$x_i^{(k+1)} = (1-\omega)x_i^{(k)} + \frac{\omega}{a_{ii}}\left(b_i - \sum_{j=1}^{i-1} a_{ij} x_j^{(k+1)} - \sum_{j=i+1}^{n} a_{ij} x_j^{(k)}\right) \tag{4-151}$$

其中，系数ω称松弛因子。完成一个时间步的计算，需要根据以上方法求解式(4-141)、式(4-147)得到基质和裂缝系统的压力，然后回代求解饱和度。

4.4　裂缝性低渗透油藏非线性渗流机理模拟研究

按照裂缝性低渗透油藏非线性渗流机理模拟的功能实现要求，以现代化软件设计的基本思想为基础，利用 Visual Basic 6.0 编写可视化程序，采取自上而下、模块化的设计结构；根据上述建立的数学模型和数值模型，对裂缝性油藏黑油模型的源代码进行相应的修改，具有友好的输入输出界面。建立了基质系统考虑启动压力梯度和裂缝系统考虑应力敏感作用的裂缝性低渗透油藏非线性渗流数学模型，开发了具有自主知识产权的裂缝性低渗透油藏非线性渗流数值模拟软件(计算机软件著作权登记号：2018SR485403)。

4.4.1　模拟程序设计

按照图 4-4 所示流程对裂缝性低渗透油藏开发动态模拟程序进行设计。在设计过程中，通过相应的网格对裂缝和基质参数进行赋值；取地层模拟网格层数 N 的两倍，基质网格为上 N 层网格，裂缝网格为下 N 层网格，即纵向上网格层数为偶数值 $2N$。

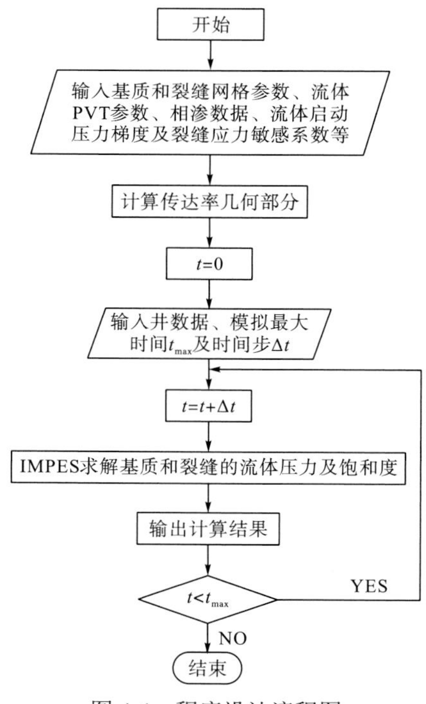

图 4-4　程序设计流程图

按照相应流程进行模块化程序，数据输入、参数计算和结果输出等工作用多个子模块完成。输入模块、输出模块、初始化模块、主运算模块为主要的子模块。图 4-5 为程序结构设计图。

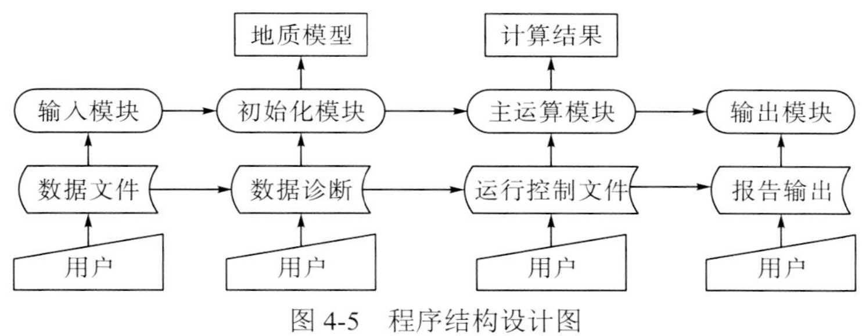

图 4-5　程序结构设计图

输入模块的主要任务为网格划分方法的确定，井数据、流体参数、各地质参数、相渗数据、岩石性质、基质启动压力梯度、裂缝应力敏感系数等的输入；各网格块中初始流体黏度、密度、相对渗透率等参数值的确定、油藏饱和度场及压力场于初始时刻的确定即为初始化模块的主要任务；主运算模块用于实现饱和度的计算和各时间步压力；油藏中各时间步的饱和度、压力等参数场、产油量、累积产油量的输出即为输出模块。图 4-6～图 4-9 即为各子模块的结构。图 4-10 为各子模块间的数据调用关系。

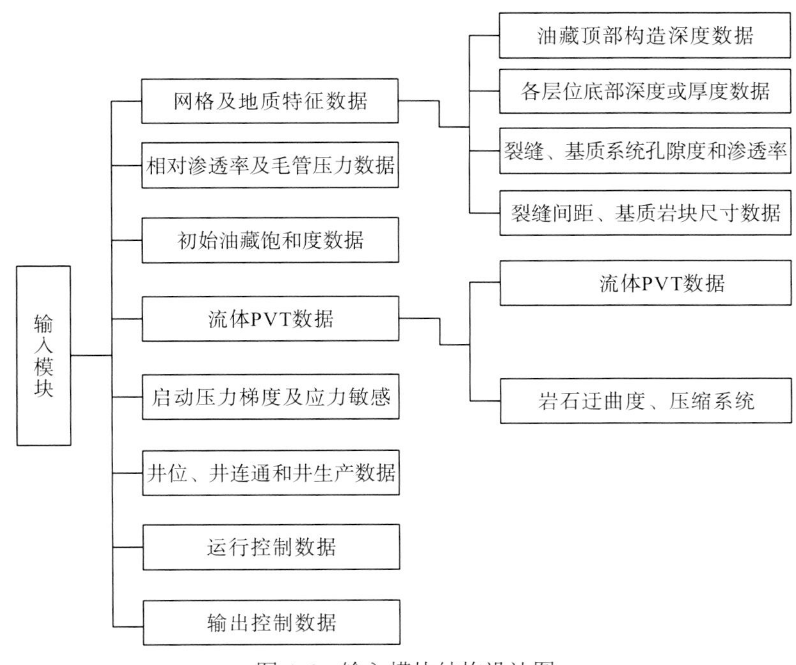

图 4-6　输入模块结构设计图

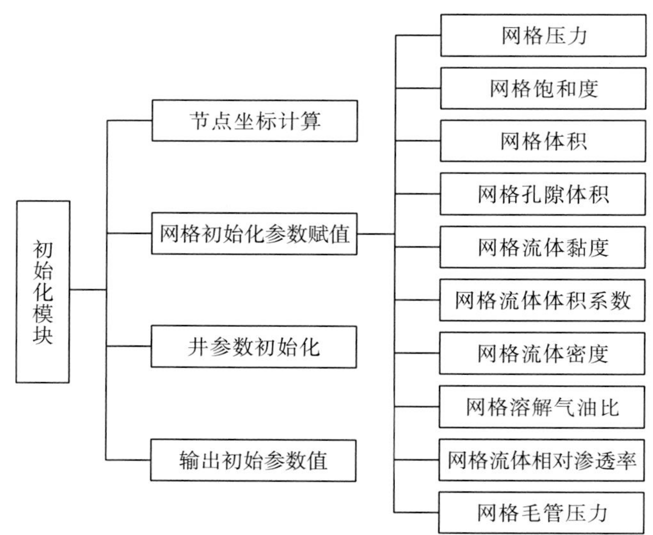

图 4-7 初始化模块结构设计图

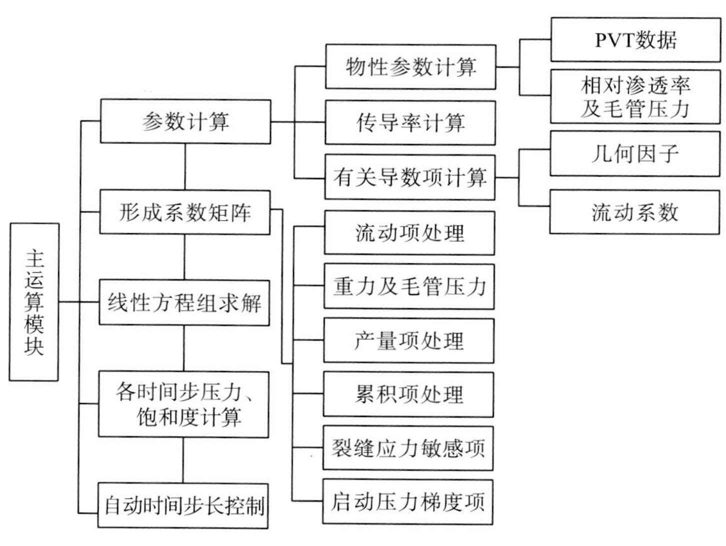

图 4-8 主运算模块结构设计图

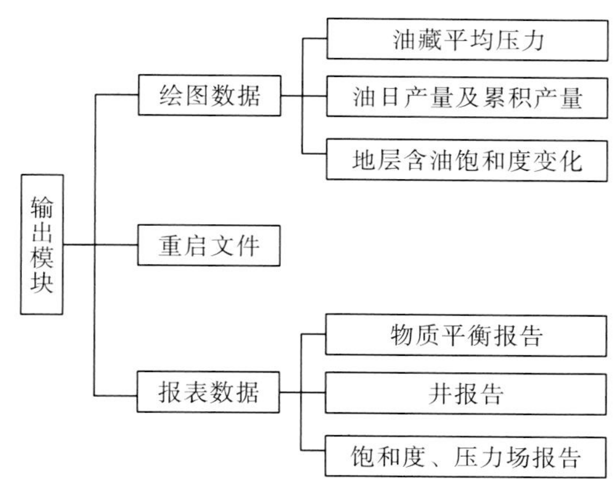

图 4-9　输出模块结构设计图

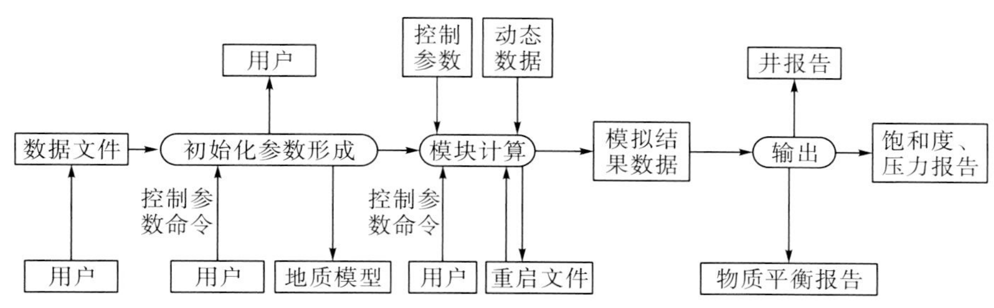

图 4-10　软件各模块间的数据调用关系图

为了便于裂缝性低渗透油藏模拟器中模型数据的录入，利用可视化编程软件 Visual Basic 6.0 编制了软件使用界面。

软件的数据录入包括裂缝基质系统网格数、网格长度、初始流体饱和度、渗透率、孔隙度、PVT、毛管压力、岩石压缩系数、基质启动压力梯度、裂缝应力敏感系数、井控制参数等。地层、流体、相态动态数据录入界面是利用网格控件 MSFlexGrid 开发，可以通过文件导入数据，也可以直接输入数据到输入界面上。

模型数据输入根据模型的均质性分为均匀、单层均匀、非均匀三种状态。每种状态对应的输入方式不同。有一个输入数据值，赋同一值于所有网格块的参数值为选取均匀选项。

4.4.2　机理模拟基本参数

利用开发的具有自主知识产权的裂缝性低渗透油藏非线性渗流数值模拟软件，选取延长组裂缝性低渗透油藏储层和流体基本参数。首先进行零流量检验，其次验证程序的可靠性，将该程序结果与 ECLIPSE 结果进行对比，并模拟计算启动压力梯度及应力敏感对开发动态的影响。

1. 模型基本数据

模拟采用 15×15×4 的网格模型。如图 4-11 所示为网格 X-Y 方向划分。基本网格数据见表 4-1，裂缝基质系统参数见表 4-2，油藏流体 PVT 参数见表 4-3，油藏气体 PVT 参数见表 4-4，基质系统油水相对渗透率数据见表 4-5，其他油藏流体参数见表 4-6。

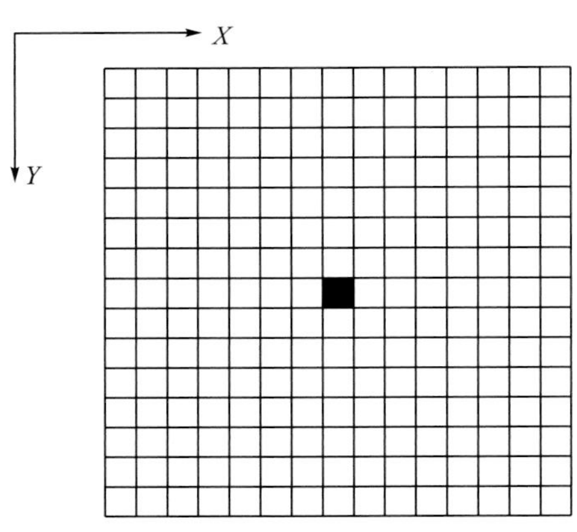

图 4-11　模拟模型 X-Y 平面网格示意图

表 4-1　模型基本网格数据

N_x	N_y	N_z	dx	dy	dz
15	15	4	60.96m	30.48m	7.62m

表 4-2　模型裂缝基质系统参数

	基质系统	裂缝系统
孔隙度	0.29	0.01
渗透率/md	0.1	90

表 4-3　油藏流体 PVT 参数表

P/MPa	μ_o/cp	B_o/(rm^3/sm^3)	R_{s_o}/(rm^3/sm^3)
0.10143	5.52	1	0
17.0016	4.27	1.233	71.77752
34.5966	4.11	1.381	135.36210
41.4966	4.51	1.371	/

表 4-4　油藏气体 PVT 参数表

P/MPa	μ_g/cp	B_g/(rm^3/sm^3)
0.10143	0.0138	0.15558
34.5966	0.0262	0.0039

表 4-5　油藏基质系统油水相对渗透率数据表

S_{at}/%	K_{ro}	K_{rw}	K_{rg}	P_{cow}/MPa	P_{cgo}/MPa
0	0	0	0	0.006900	0
0.1	0	0	0.0150	0.006900	0
0.2	0	0	0.0500	0.006900	0
0.25	0	0.005	0.0765	0.003450	0
0.3	0.042	0.010	0.1030	0.002070	0
0.35	0.100	0.020	0.1465	0.001035	0
0.4	0.154	0.030	0.1900	0	0
0.45	0.220	0.045	0.2500	−0.001380	0
0.5	0.304	0.060	0.3100	−0.008280	0
0.6	0.492	0.110	0.5380	−0.027600	0
0.7	0.723	0.180	0.5380	−0.069000	0
0.75	0.860	0.230	0.5380	−0.276000	0
0.8	1.000	0.230	0.5380	−0.276000	0
1	1.000	0.230	0.5380	−0.276000	0

表 4-6　其他油藏流体参数表

参数	数值
原始油藏压力/MPa	34.5
地面水密度/(kg/m^3)	1041.200
地面原油密度/(kg/m^3)	819.184
地面气体密度/(kg/m^3)	0.929
地层水体积系数	1.07
地层水压缩系数/(1/MPa)	4.64×10^{-4}
地层水黏度/cp	0.35
基质压缩系数/(1/MPa)	0.507×10^{-4}
裂缝压缩系数/(1/MPa)	0.507×10^{-4}
基质初始含水饱和度	0.4
基质初始含气饱和度	0
裂缝初始含水饱和度	0.1
裂缝初始含气饱和度	0

2. 模型零流量检验

零流量检验是测试模拟软件可靠性的方法之一。将相应模型中所有源汇项设为零，进行软件运算，检查模拟结果是否合理即为数值模拟中的零平衡检验。

本次检验中，布置一口井，网格坐标(8，8)，产量设置为零(零平衡)。模型模拟运行 10 年，源汇项为零，从模拟开始到结束，油藏各节点饱和度和压力值保持不变，即本书模型的零平衡检验符合要求。

3. 模拟器可靠性检验

不考虑启动压力和应力敏感的情况下，利用以上模型数据，由本书的程序和 ECLIPSE 的 ECL100 中的油、气、水三相模型计算得到气、水储量结果对比见表 4-7，可以得到二者储量计算结果较为接近；地层压力、单井日产油量、累积产油量对比见图 4-12～图 4-14，可以看出二者数值大小吻合得非常好，计算结果和趋势非常一致，验证了本书编制的模拟器的可靠性。

表 4-7　气、水储量计算结果对比表

模拟器	油储量/($\times10^4m^3$)	水储量/($\times10^4m^3$)	气储量/($\times10^8m^3$)
ECLIPSE	33.01965	0.32082	0
本文程序计算值	33.01875	0.31521	0

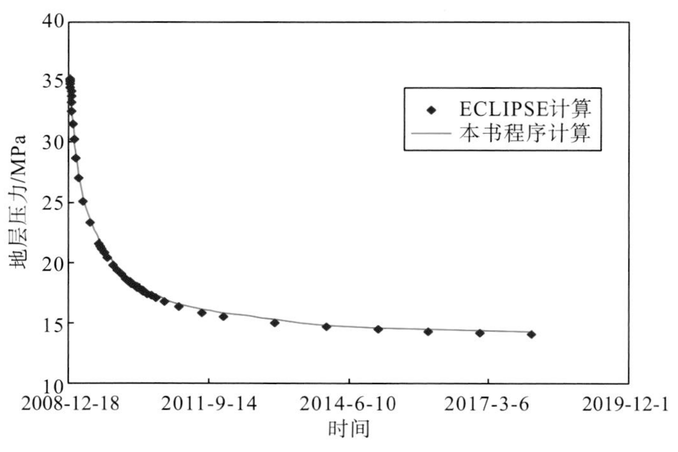

图 4-12　地层压力对比图

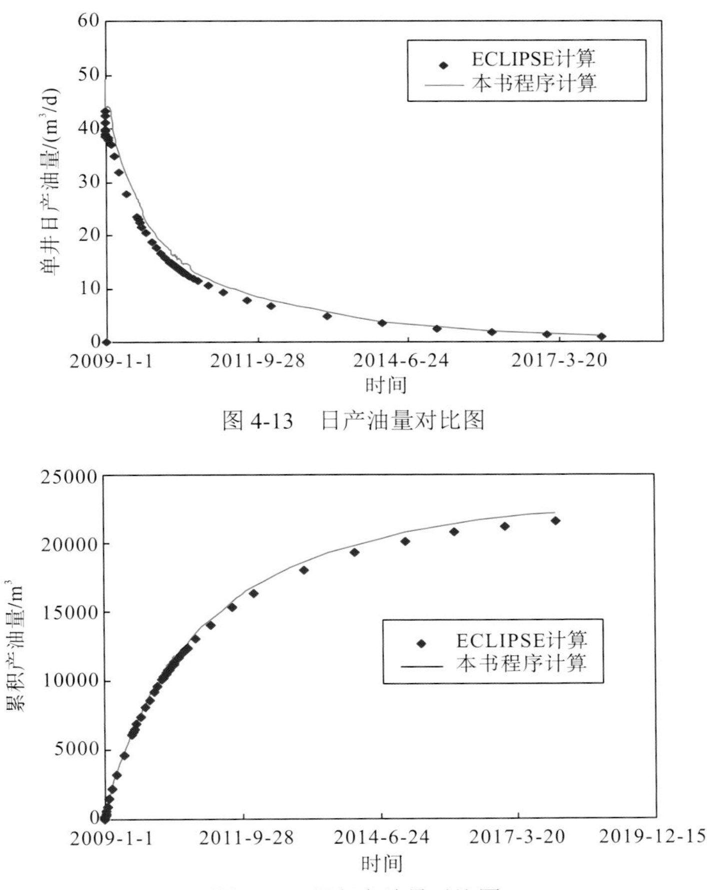

图 4-13　日产油量对比图

图 4-14　累积产油量对比图

4.4.3　启动压力梯度对裂缝性低渗透油藏开发动态的影响

基质系统需要考虑启动压力梯度，裂缝系统不需要启动压力梯度。启动压力梯度对裂缝性低渗透油藏开发动态的影响的模拟计算见图 4-15～图 4-18。启动压力梯度的存在使油井的产能下降，启动压力梯度越大，造成产能下降越大。当启动压力梯度为 0.0002MPa/m 时，日产油量下降的最大幅度达到 51%，平均下降 21.98%左右，累积产油量下降 23%。从曲线的形态可以发现：在开采初期启动压力梯度对油井的生产几乎没有影响，但是随着开采的持续进行，启动压力梯度才开始起作用。主要原因是开采初期主要开采裂缝中的原油，当逐渐开采基质中的原油时，启动压力梯度开始影响原油生产。启动压力梯度分别为 0.00015MPa/m、0.0002MPa/m、0.00025MPa/m 时，日产油量平均下降分别为 9.37%、21.98%、37.3%；累积产油量分别下降 6.06%、23%、40.71%。因此，延长组低渗透油藏启动压力梯度对开采有较大影响。

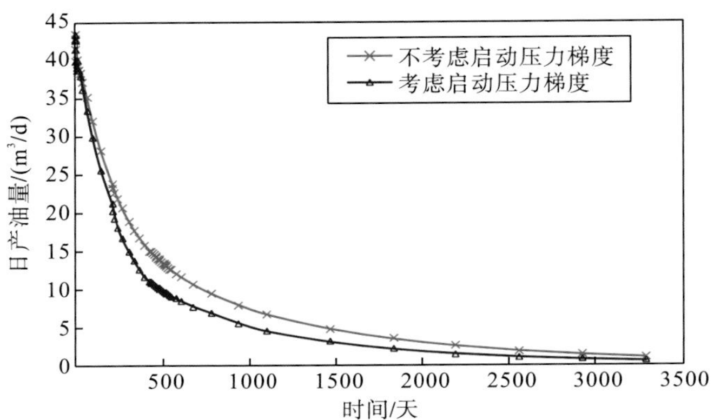

图 4-15　有无启动压力梯度下日产油量对比图

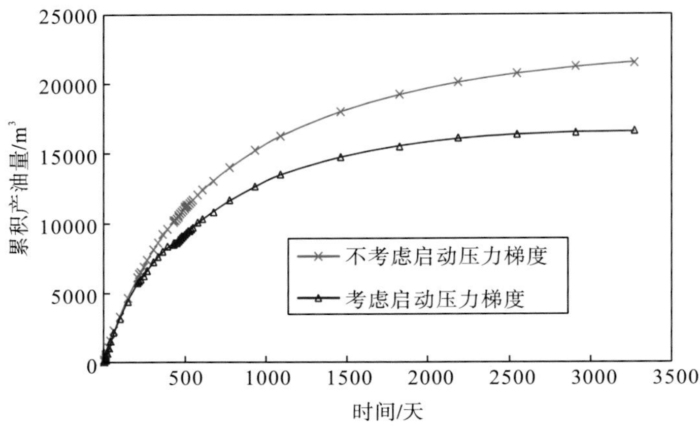

图 4-16　有无启动压力梯度下累积产油量对比图

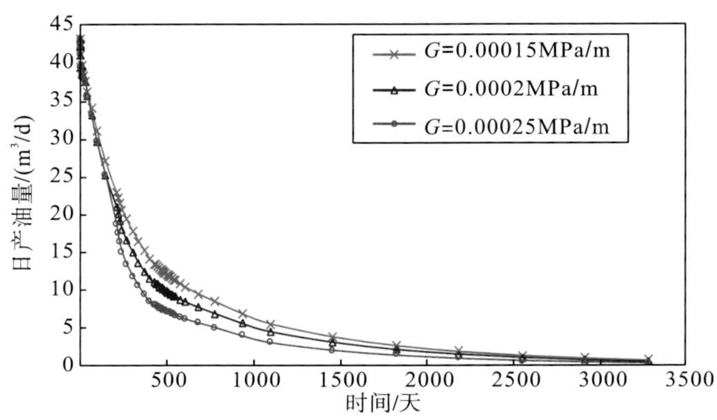

图 4-17　不同启动压力梯度下日产油量对比图

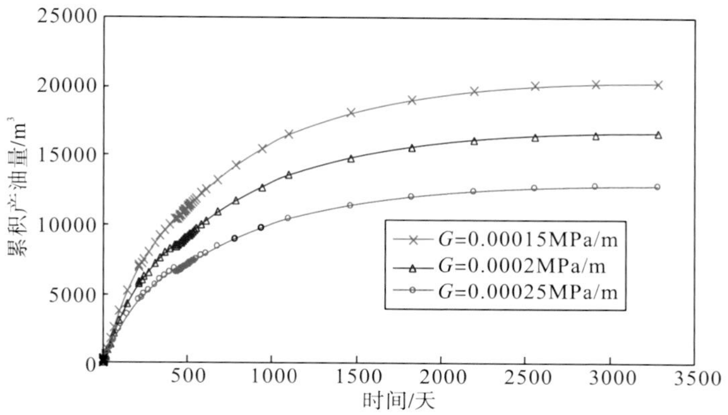

图4-18 不同启动压力梯度下累积产油量对比图

4.4.4 应力敏感对裂缝性低渗透油藏开发动态的影响

应力敏感对裂缝性低渗透油藏开发动态的影响模拟结果如图4-19～图4-22所示。开采初期主要开采裂缝中的原油，应力敏感影响油井动态。当应力敏感系数为0.02MPa^{-1}时，日产油量下降最大达到63%，平均下降45.57%左右，累积产油量下降最大55.56%，平均下降47.79%左右。当应力敏感系数分别为0.02 MPa^{-1}、0.06 MPa^{-1}、0.1 MPa^{-1}时，日产油量平均分别下降45.57%、59.46%、62.45%，累积产油量平均下降47.79%、56.17%、64.92%。

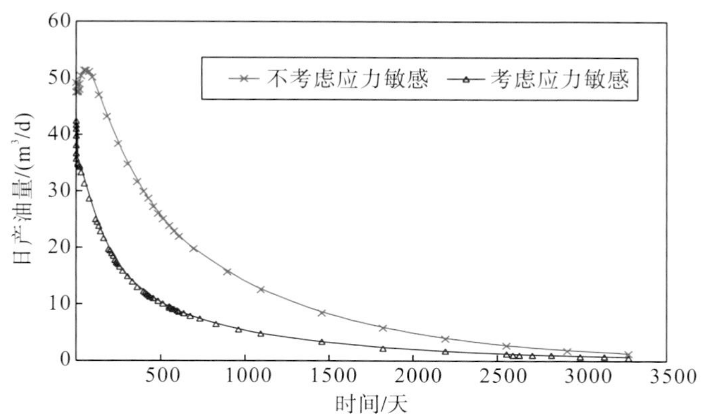

图4-19 有无应力敏感作用下日产油量对比图

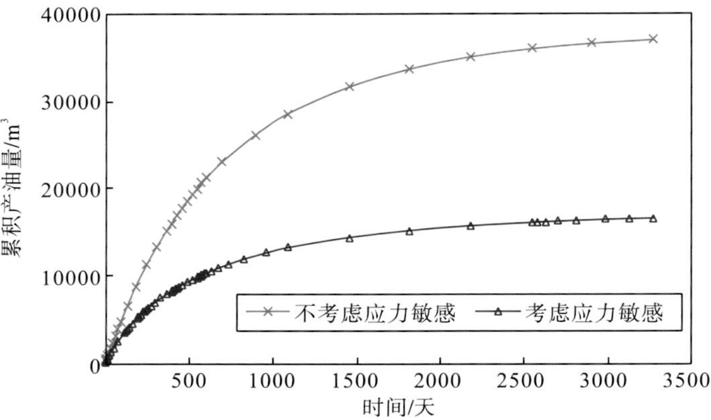

图 4-20　有无应力敏感作用下累积油量对比图

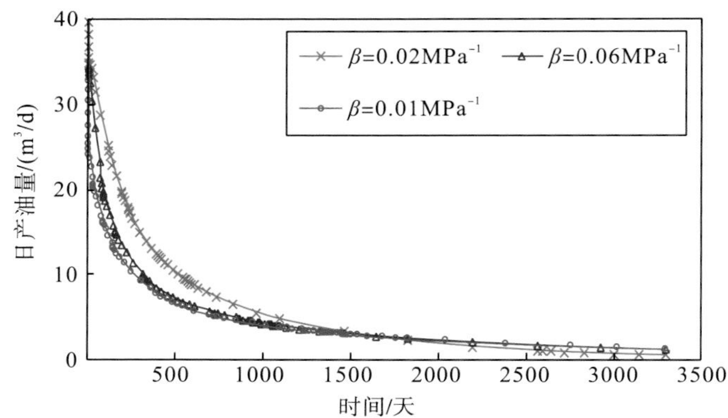

图 4-21　不同应力敏感作用下日产油量对比图

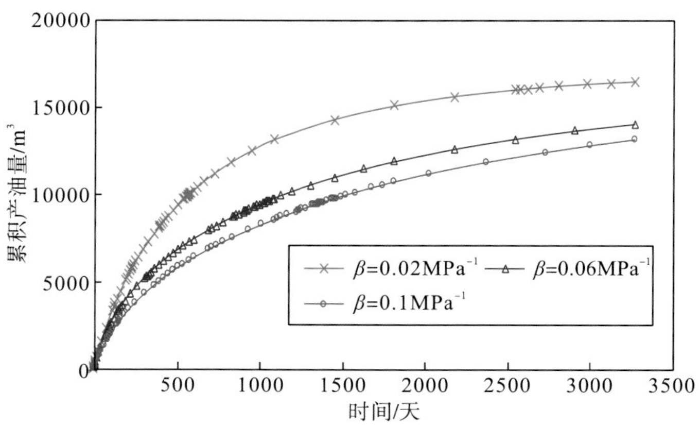

图 4-22　不同应力敏感作用下累积产油量对比图

4.5 延长组东部和西部井网井距参数设计方法

延长组东西部埋藏深度差异大，孔渗差异大，尤其是浅油层压裂水平缝一井多缝等特点，其开发井距设计具有特点。

4.5.1 延长组东部特低渗油藏浅油层的井距设计方法

1) 考虑弱压力拱效应

由于油层浅，生产过程储层压力降低快，压力拱效应不明显，因此上覆地层压力直接作用于储层，将会降低储层的渗流能力。

2) 考虑强应力敏感

一方面储层压力拱效应弱，另一方面储层孔渗低，因此东部相对西部应力敏感强，在生产过程中进一步降低渗透率，影响开发效果。

3) 考虑启动压力梯度持续增加效应

储层原始孔渗差，具有较高的启动压力梯度，随着生产过程的持续进行，应力敏感进一步加强，启动压力梯度会进一步加大，影响产能。

4) 考虑浅油层低钻井成本特点

储层深度多在 500m 左右，钻井成本低，在井距设计中属于重要因素。

5) 显著减少井距可以提高开发效益

综合以上因素，作为延长东部浅油层井距设计的方法，可以考虑较小井距开发，具体数值可以综合考虑，可以采用数值模拟确定。

4.5.2 延长组西部低渗油藏井网井距确定方法

1. 井距设计原则

(1) 考虑明显的压力拱效应。
(2) 考虑弱应力敏感。
(3) 考虑中深油层钻井成本特点。

2. 井网设计方法

延长组西部长 2 油层是典型的低渗储层。在井网设计中压裂裂缝的规模与井网匹配非常重要。如果井网与裂缝方位匹配，将达到较理想的开发效果；如果井网与裂缝方位匹配不好，则会引起油井暴性水淹，造成注入水的无效循环，降低油田开发寿命。

井网部署分为三个阶段：第一阶段是初期井网的选择。按照井网优选结果，结合延长油田注水开发实际，初期选用菱形反九点井网，沿着人工裂缝方向部署井排但水线上注水井不全部投注，部署一定数量的一注井和二注井，一注井直接投注，二注井是注水井排方向上的油井(菱形的角井)，即部署的“转注井”，前期生产，中期适时转注。第二阶段是井网调整与排状注水阶段。反九点注采井网是一个过渡井网，随着油田开发进入中期，“二注井”逐步见水实施转注，转注完成后，反九点井网变成矩形井网，开始排状注水，油水井数比调整为 1:1。初期井网与调整后井网如图 4-23 所示。第三阶段是生产井排井网加密阶段，随着油田开发进入后期，稳产难度逐渐增大，为了进一步提高采油速度，在生产井排上打加密井，井网完善后，油水井比例接近 2:1。

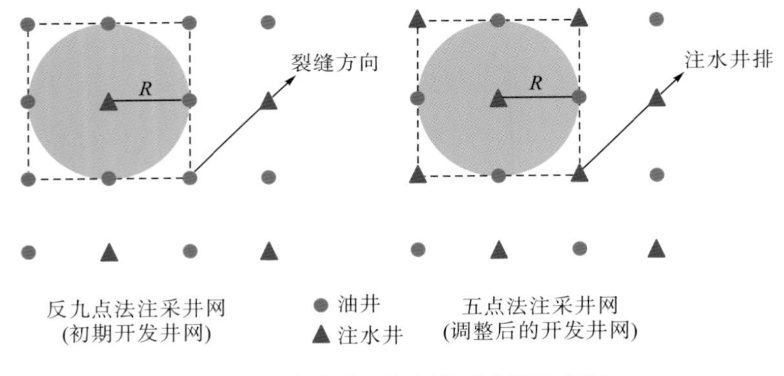

图 4-23　初期井网与调整后井网示意图

井网调整原则上完全利用现有油、水井，通过补孔、调层、转注等措施，形成相对完善的注采井网。长 2_1^3 层和长 2_2^1 层调整后的井网如图 4-24 和图 4-25 所示。

井网调整的措施工作量包括油井补孔 28 口，油井转注 22 口(其中包括油井补孔后转注 17 口)，封堵 7 个井次。在调整井网基础上，通过优化注采比，使生产指标达到最优。设计注采比 1.0、1.2、1.5 三套方案，如表 4-8 所示，将这三套开发方案 10 年内预测的开发指标进行对比，优选最优开发方案。

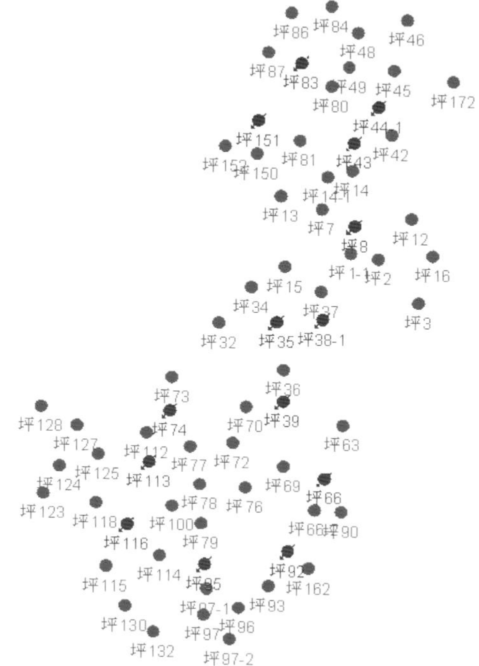

图 4-24 长 2_1^3 开发层系方案部署图

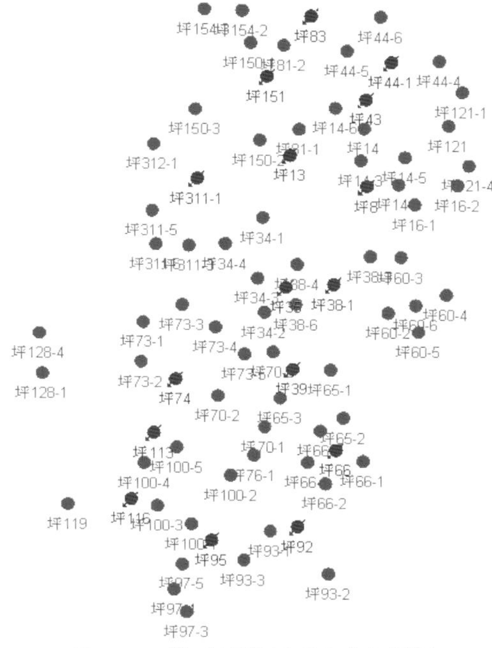

图 4-25 长 2_2^1 开发层系方案部署图

表 4-8　不同方案开发指标预测结果

方案	累积产油/万吨	含水/%	采出程度/%	增油/万吨
基础方案	57.06	60.1	8.25	0
注采比 1.0	63.71	65.1	8.97	6.65
注采比 1.2	73.59	72.1	9.77	16.53
注采比 1.5	68.55	78.1	9.45	11.49

数值模拟结果显示，注采比 1.0 调整方案比不调整的基础方案十年增油 6.65 万吨，采出程度增加 0.72%；注采比 1.2 方案比基础方案十年增油 16.53 万吨，采出程度增加 1.52%；注采比 1.5 方案比基础方案十年增油 11.49 万吨，采出程度增加 1.2%。随着注采比的增大，含水上升速度加快，月产油量和累积产油量不增反降，推荐注采比 1.2 的方案。

根据上文非线性渗流实验结果，对全区进行开发方案预测。

研究区块总井数 179 口，采油井开井 134 口，注水井 45 口。措施井 28 口(生产井补孔 21 口、停产井补孔 7 口)，转注井 22 口。

预测 2027 年后累积产油为 60.94 万吨、累积产液为 250.71 万方、累积注水为 261.18 万方、采出程度为 10.58%、累积注采比为 1.04，预测指标见表 4-9。

4.6　本 章 小 结

(1) 本章建立了基质系统考虑启动压力梯度和裂缝系统考虑应力敏感作用的裂缝性低渗透油藏非线性渗流数学模型，开发了裂缝性低渗透油藏非线性渗流数值模拟软件。模拟评价结果表明启动压力梯度和应力敏感对裂缝性低渗透油藏开发影响不容忽视。开采初期主要开采裂缝中的原油，应力敏感影响油井动态，当应力敏感系数为 $0.02MPa^{-1}$ 时，产量下降最大幅度达到 63%。当逐渐开采基质中的原油时，启动压力梯度开始影响原油生产，此阶段当启动压力梯度为 0.0002MPa/m 时，累积产油量下降约 23%。

(2) 利用现有油、水井，通过补孔、调层、转注等措施，形成相对完善注采井网。措施工作量共有油井补孔 28 口，油井转注 22 口，封堵 7 个井次。在考虑启动压力梯度和应力敏感作用下，通过数值模拟优化最佳注采比为 1.2。研究区块总井数 179 口，采油井开井 134 口，注水井 45 口，预测 10 年末累积产油为 60.94 万吨，采出程度为 10.58%。

表 4-9　开发调整方案指标预测表

年份	总井数/口	油井/口	水井/口	日产油/t	含水/%	日产液/m^3	年产油/t	年产液/m^3	年注水/m^3	日注水量/m^3	采油速度/%	累积产油/t	累积产液/m^3	累积注水/m^3	采出程度/%	累积注采比
2017	179	134	45	0.57	72	2.38	25094	105432	137062	14	0.44	440047	1381557	1333971	7.64	0.97
2018	179	134	45	0.52	74	2.34	22834	103323	134320	12	0.40	462881	1484880	1468291	8.04	0.99
2019	179	134	45	0.48	76	2.33	21008	102979	123575	12	0.36	483889	1587859	1591866	8.40	1.00
2020	179	134	45	0.44	78	2.35	19432	103915	124698	12	0.34	503321	1691774	1716564	8.74	1.01
2021	179	134	45	0.41	80	2.40	18072	106305	127566	10	0.31	521393	1798080	1844130	9.05	1.03
2022	179	134	45	0.38	82	2.49	16879	110321	121353	10	0.29	538272	1908401	1965484	9.35	1.03
2023	179	134	45	0.36	84	2.64	15866	116665	128331	10	0.28	554138	2025066	2093815	9.62	1.03
2024	179	134	45	0.34	85	2.65	14962	117349	129084	10	0.26	569100	2142415	2222899	9.88	1.04
2025	179	134	45	0.32	86	2.69	14155	118942	130836	8	0.25	583255	2261356	2353735	10.13	1.04
2026	179	134	45	0.30	87	2.74	13403	121302	127367	8	0.23	596658	2382659	2481102	10.36	1.04
2027	179	134	45	0.29	88	2.81	12694	124446	130668	8	0.22	609352	2507105	2611770	10.58	1.04

第 5 章　低渗透油藏 CO_2 微泡沫驱油研究

延长组低渗透油藏普遍具有“低孔、低渗、低产”的特征，在开发中后期裂缝-孔隙低渗透储层易出现注水易产生水窜、注气易发生气窜的现象，导致注入流体波及效率低，油藏动用程度和采收率低等问题[149]。泡沫驱能通过显著改善流度比、降低 O/W 界面张力、改变岩石表面润湿性来提高洗油效率，同时补充地层能量，从而提高采油速度和采收率。泡沫体系的流度控制能力比聚合物更强，流动前缘也更趋稳定，体积波及系数更高，而且泡沫洗油能力较强[150-154]。另外，还可以通过反转岩石润湿性、乳化原油和增加注水压力以及降低原油黏度等方式提高驱油效率。

由于延长组油藏具有较狭窄的喉道，常规的 CO_2 泡沫体系不易注入。本章对延长组油藏 8 种驱油技术进行适应性评价，优选 CO_2 微泡沫驱作为可能的提高采收率方法。并从 58 组配方体系中筛选适合延长组低渗透油藏 CO_2 微泡沫体系的最佳配方，利用 CO_2 微泡沫动态驱油微观刻蚀模拟系统，模拟不同孔喉结构的物理模型在不同搅拌速率条件下的微泡沫驱油过程。然后通过 CO_2 微泡沫注入性和驱油实验研究，优化最佳微泡沫注入速度和最佳注入方式。

5.1　耐高矿化度 CO_2 微泡沫起泡剂的筛选

5.1.1　实验仪器和实验药品

主要采用了如下设备与仪器：10XD-PC 金相显微镜(最大放大 500 倍)、Cryo-SEM 冷冻刻蚀扫描电镜、OWC-9360 恒速搅拌器、HAAKE-MARSIII高温流变仪、78-1 磁力恒速搅拌器、电子分析天平(精确度 0.0001mg)、1000mL 量筒、100mL 量筒、500mL 烧杯、秒表、恒温烘箱等。

实验中所用药品主要是各种表面活性剂，包括非离子型表面活性剂、两性离子表面活性剂、非/阴离子表面活性剂和阴离表面活性剂(详见 5.1.3 节表 5-1)。

5.1.2　起泡剂评价方法

1. 起泡液的配制

初选泡沫体系是在常温 25℃和模拟地层水矿化度 65541mg/L 条件进行的，其地层水含有钠离子、钾离子、钙离子、镁离子等阳离子和氯离子、碳酸氢根等阴离子。通过多种表面活性剂进行复配，用玻璃棒蘸液观察是否有丝状物产生或测定其黏度值来判断是否形成蠕虫状胶束。

泡沫实验筛选方法主要通过起泡剂的起泡体积和泡沫半衰期进行起泡剂性能评价。参考 SY/T 6465—2000《泡沫排水采气用起泡剂评价方法》以及 SY/T 6955—2013《注蒸汽泡沫提高石油采收率室内评价方法》开展具体实验。

起泡液的配制如下。

(1) 分别称取一定量的 NaCl、$NaHCO_3$、KCl、$CaCl_2$ 及 $MgCl_2$ 配制成矿化度为65541mg/L 的盐水溶液，其中 Na^+(16181mg/L)、K^+(5326mg/L)、Ca^{2+}(4266mg/L)、Mg^{2+}(3217mg/L)、Cl^-(35297mg/L)、HCO_3^-(1254mg/L)，模拟地层水。

(2) 准确称量起泡剂、稳泡剂加入模拟地层水中，配制成起泡液。

2. 泡沫性能评价方法

试验时，在量杯中加入 200mL 一定浓度的起泡剂溶液，采用 OWC-9360 恒速搅拌器以 6000r/min 搅拌 60s 后停止，然后快速将量杯中的泡沫倒入 1000 mL 的量筒中并记下时间、起泡体积，最后记录泡沫消掉一半时所用的时间，即泡沫半衰期 $t_{1/2}$。泡沫体积表示泡沫的起泡性，泡沫半衰期 $t_{1/2}$ 表示泡沫的稳定性。

由于采油过程中要求起泡剂具有尽可能高的起泡能力和泡沫稳定性，因此将从起泡体积和泡沫稳定性 $t_{1/2}$ 这两项指标来评价起泡剂的泡沫性能。

目前多采用泡沫综合指数(foam composite index，FCI)来评价泡沫性能的好坏。泡沫综合指数反映最大泡沫体积和半衰期 $t_{1/2}$ 对泡沫的综合影响程度。图 5-1 表明起泡零时刻到泡沫最大再到消去泡沫这段时间泡沫体积的变化关系。在图中阴影部分的面积为泡沫体系综合性能，假定阴影部分的面积为 FCI，泡沫体积大小是时间的函数，即 $V=f(t)$。那么

$$\mathrm{FCI} = S = \int_{t_0}^{t_0+t_{1/2}} f(t)\mathrm{d}t \tag{5-1}$$

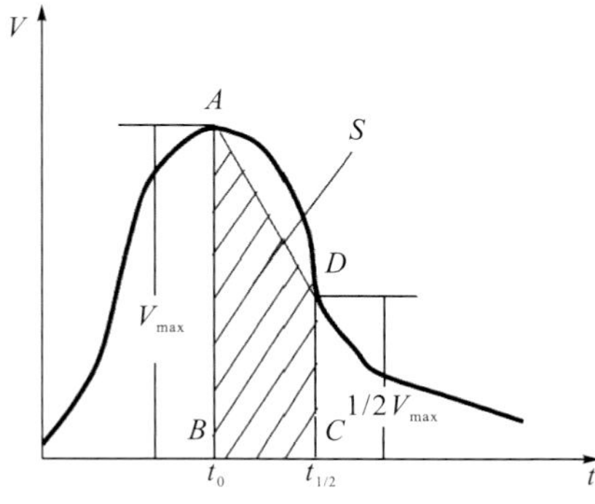

图 5-1　泡沫体积与时间的关系

为了简化式(5-1)，FCI 值就由图 5-1 梯形 *ABCD* 的面积来确定，即

$$FCI = S = 0.75V_{max}t_{1/2} \tag{5-2}$$

根据泡沫体系的 FCI 值就能确定泡沫综合能力的强弱。某种泡沫的 FCI 值越大，泡沫的综合性能越强，反之泡沫的综合性能越弱。

耐温性评价采用把配制好的起泡液放置在不同的温度(25℃、35℃、45℃、55℃、65℃、70℃和 75℃)下 20min，让起泡液等温加热处理，达到测试规定的温度，然后用恒速搅拌器测试泡沫的起泡性 V_{max} 和稳泡性 $T_{1/2}$，并计算出泡沫的泡沫综合指数 FCI，考察不同温度条件下泡沫综合指数的变化情况。

3. 微泡沫的尺寸测定

用显微镜观察泡沫尺寸只能在一个大气压和室温条件下观察。而地层压力和温度条件下的泡沫运移到地表后尺寸会发生变化，这主要是泡沫中的二氧化碳气体的 PTV 性质而决定。采用 OWC-9360 恒速搅拌器以 6000r/min 搅拌 60s 后，连续剪切产生微泡沫。

用处理软件对微泡沫图片进行分析，在视野内选取气泡，计算微泡沫平均直径及描述起泡的均匀程度的变异因数。得出计算式(5-3)、式(5-4)：

$$d_{av} = \frac{\sum d_i n_i}{n_i} \tag{5-3}$$

式中，d_{av} 为微泡沫的平均直径(m)；d_i 为第 i 个气泡的直径(m)；n_i 为第 i 个气泡。

$$CV = \frac{\delta}{d_{av}} \tag{5-4}$$

式中，CV 为微泡沫的变异因数，变异因数越低表明形成的泡沫越均匀；δ 为微泡沫的标准差值。

4. 蠕虫状胶束判断方法

用玻璃棒搅拌观察起泡液是否具有黏性，当玻璃棒从溶液中提起后，能观察到牵丝现象，就说明有初级蠕虫状胶束生成，如果丝由细变粗，表明初级蠕虫状胶束在不断生长，蠕虫状胶束长度也在不断增加[155, 156]。

判断生成蠕虫状胶束通常有以下两种方法。

方法一：高温流变仪测起泡液的黏弹性，根据溶液这一性质可以判断是否形成蠕虫状胶束。

方法二：采用冷冻刻蚀扫描电镜直接观察溶液形貌，是否有蠕虫状胶束生成。表面活性剂自组装形成蠕虫状胶束的过程如图 5-2 所示。

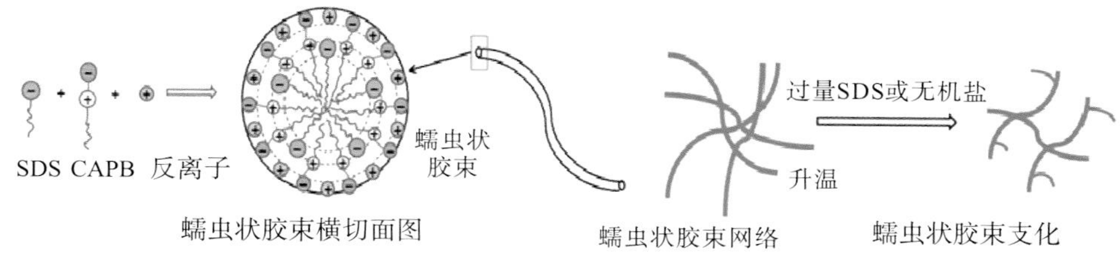

图 5-2　表面活性剂自组装形成蠕虫状胶束过程示意图

5.1.3　表面活性剂初步筛选

由于延长组油层地层水矿化度较高，且钙镁离子含量高，因此在选择表面活性剂时应充分考虑抗盐性，基于此首选非离子型表面活性剂、两性离子表面活性剂和非/阴离子表面活性剂作为主剂[157-161]，选择其他阴离子表面活性剂作为反离子助剂，主剂与助剂在地层水条件下进行自组装形成蠕虫状胶束，初选的表面活性剂见表 5-1。

表 5-1　表面活性剂详细信息统计表

序号	表面活性剂名称	简称	类型
1	含氟磺酸盐表面活性剂	LG-300	非离子
2	异构醇聚氧乙烯醚	1005	非离子
3	脂肪醇聚氧乙烯醚表面活性剂	AEO-3	非离子
4	聚氧乙烯类与季胺盐复配表面活性剂	Berol 226	非/阳离子
5	脂肪醇聚氧乙烯醚硫酸钠	AES	非/阴离子
6	月桂醇聚醚硫酸铵	AESA	非/阴离子
7	椰油酰胺丙基甜菜碱表面活性剂	C60	两性离子
8	月桂酰胺基丙基羟基磺基甜菜碱	LSB(II)	两性离子
9	芥酸酰胺丙基甜菜碱	EAB40	两性离子
10	十八烷基二甲基甜菜碱	BS-18	两性离子
11	烷基氧化胺型表面活性剂	OA-2	两性离子
12	月桂酰胺基丙基甜菜碱	UCAB	两性离子
13	耐高温高盐发泡剂(混合型)	HHF	两性/阴离子
14	月桂基磺基琥珀酸二钠	DDSS	阴离子
15	十二烷基硫酸钠	SDS	阴离子
16	水杨酸钠	SSL	阴离子

从 CO_2 驱油物理化学机制源头入手，利用表面活性剂自组装技术，研发蠕虫

状胶束CO_2微泡沫驱油体系。蠕虫状胶束是小分子表面活性剂通过反离子作用自组装，是由球状胶束生长而成的，长度一般为50～1000nm。在较低浓度下，形成初级蠕虫状胶束，长度一般为50～200nm，蠕虫状胶束之间开始形成缠绕，宏观表现出低分子量聚合物的特征，具有一定黏度。在较高浓度下，形成长蠕虫状胶束，长度一般为200～1000nm，蠕虫状胶束之间缠结严重，宏观表现出高分子量聚合物的特征，黏度很高。胶束的平均长度与表面活性剂的体积分数、温度和胶囊的分离能有关。蠕虫状胶束的性质表现为高表面活性、高黏度、黏弹性、剪切变稀效应、剪切后可恢复性。

在模拟地层水中对椰油酰胺丙基甜菜碱表面活性剂、含氟表面活性剂、226号表面活性剂和1005号表面活性剂、月桂酰胺基丙基羟基磺基甜菜碱、脂肪醇聚氧乙烯醚表面活性剂、脂肪醇聚氧乙烯醚硫酸钠、耐高温高盐发泡剂、月桂酰胺基丙基甜菜碱、月桂醇聚醚硫酸酯铵、月桂基磺基琥珀酸二钠、芥酸酰胺丙基甜菜碱、十八烷基二甲基甜菜碱、氧化胺型表面活性剂与多种反离子进行了复配，对其起泡性和稳泡性进行了筛选。

(1) 测定了浓度为0.5wt%的6种主表面活性剂：椰油酰胺丙基甜菜碱、含氟磺酸盐表面活性剂、226号和1005号表面活性剂、月桂酰胺基丙基羟基磺基甜菜碱、脂肪醇聚氧乙烯醚表面活性剂分别与0.25wt%的十二烷基硫酸钠、水杨酸钠、脂肪醇聚氧乙烯醚硫酸钠、耐高温高盐发泡剂两两配制成的24组溶液的起泡性能和黏度。这24组表面活性剂溶液起泡性体积较好，起泡体积均在400～520mL，但黏度只在1～3mPa·s，黏度太小，泡沫半衰期在7～8min，稳泡效果差，从宏观上确定未形成蠕虫状胶束，均不适合作为主剂。

(2) 再测定浓度为0.5wt%的7种主表面活性剂，即月桂酰胺基丙基甜菜碱、月桂醇聚醚硫酸铵、月桂基磺基琥珀酸二钠、芥酸酰胺丙基甜菜碱、月桂酰胺基丙基羟基磺基甜菜碱、十八烷基二甲基甜菜碱、氧化胺表面活性剂分别与0.25wt%的十二烷基硫酸钠、水杨酸钠、脂肪醇聚氧乙烯醚硫酸钠、含氟磺酸盐表面活性剂、耐高温高盐发泡剂两两配制成的35组溶液的起泡性能和黏度。测定AESA和EAB40两种主表面活性剂的黏度1～3mPa·s，黏度太小，确定未形成蠕虫状胶束，故其不适合作为主剂。而表面活性剂UCAB+SDS、BS-18+ SSL、DDSS +SDS、OB-2+AES、HHF+BS-18、LSB+LG-300这6组两两复配体系的起泡体积在300～500mL，黏度范围在5～50mPa·s，消泡半衰期从10min甚至达到几十分钟，与聚合物基泡沫的起泡和稳泡特征相似[161-163]。因此，宏观上确定在模拟地层水条件下已形成蠕虫状胶束，可以进一步系统化研究。

在上述形成蠕虫状胶束的6组复配表面活性剂溶液中通入一定量的CO_2气体，可观察到通CO_2前后其表面活性剂溶液颜色未有明显改变，如图5-3～图5-8所示。可以看出CO_2与钙离子和镁离子没有发生化学反应产生白色沉淀碳酸钙或氢氧化镁。这主要是由于蠕虫状胶束的形成有效地阻止了碳酸钙晶核的生成和晶体的长

通CO_2前　　通CO_2后　　通CO_2前　　通CO_2后

图 5-3　UCAB+SDS 体系　　图 5-4　BS-18+ SSL 体系

通CO_2前　　通CO_2后　　通CO_2前　　通CO_2后

图 5-5　DDSS +SDS 体系　　图 5-6　OB-2+AES 体系

通CO_2前　　通CO_2后　　通CO_2前　　通CO_2后

图 5-7　HHF + BS-18 体系　　图 5-8　LSB+ LG-300 体系

大，钙镁离子挤压蠕虫状胶束导致双电层变薄，蠕虫状胶束的流体力学体积变小，尺度减小，蠕虫状胶束发生部分支化，宏观上表现出黏度略有下降。上述实验只是在一个浓度点上做的实验，因而有必要对这 6 组复配体系进行系统实验，找出每组复配体系的最佳配方，再在 6 组最佳配方中选择最优配方。

5.1.4　起泡剂体系筛选

1. UCAB+ SDS 体系优化

1) UCAB 浓度的确定

在地层水矿化度和油藏温度 40℃条件下，连续通入 CO_2 1min，使杯中全部充满 CO_2，搅拌速率 4000r/min，搅拌时间 60s，恒定 0.20wt% SDS 浓度，变化主剂 UCAB 浓度。研究 UCAB 浓度对起泡性、半衰期和泡沫综合指数 FCI 的影响，如表 5-2 所示。

表 5-2　UCAB 浓度对黏度、起泡性和半衰期的影响

表面活性剂配方	黏度/mPa·s	起泡性/mL	半衰期/min	FCI/(mL·min)
0.20wt%UCAB+ 0.20wt% SDS	8.2	570	8	3420
0.30wt%UCAB+ 0.20wt% SDS	10.4	550	12	4950
0.40wt%UCAB+ 0.20wt% SDS	13.4	540	15	6075
0.50wt%UCAB+ 0.20wt% SDS	18.4	520	19	7410
0.60wt%UCAB+ 0.20wt% SDS	20.1	480	20	7200
0.70wt%UCAB+ 0.20wt% SDS	24.2	350	22	5775

由表 5-2 可见，随着 UCAB 的浓度增加，溶液黏度增加，起泡性降低，半衰期逐渐增加，而泡沫综合指数 FCI 先增大，当 UCAB 的浓度为 0.50wt%时，泡沫综合指数 FCI=7410mL·min 达到最大，之后又降低。较优的 UCAB 主剂浓度为 0.50wt%。随着 UCAB 的浓度增加，导致溶液从初级的短蠕虫状胶束变成较长的蠕虫状胶束，胶束的缠结程度增加，黏度增强，当达到最大值后，蠕虫状胶束发生支化，黏度下降。黏度的增加使得泡沫的液膜变厚，形成泡沫的阻力增加，起泡性下降。但较厚的液膜能阻止排液，使得液膜变薄趋势减缓，从而对泡沫起稳定性作用。

2) SDS 浓度的确定

在地层水矿化度和油藏温度 40℃条件下，连续通入 CO_2 1min，使杯中全部充满 CO_2，搅拌速率 4000r/min，搅拌时间 60s，恒定 UCAB 浓度 0.50wt%，变化 SDS 主剂浓度，研究 SDS 浓度对起泡性、半衰期和泡沫综合指数 FCI 的影响，

如表 5-3 所示。

随着 SDS 的浓度增加，溶液黏度增加，起泡性先升高再降低，半衰期先增加后降低。从综合指数来看较优的 SDS 浓度为 0.20wt%。

表 5-3　SDS 浓度对黏度、起泡性和半衰期的影响

表面活性剂配方	黏度/mPa·s	起泡性/mL	半衰期/min	FCI/(mL·min)
0.50wt%UCAB+ 0.10wt% SDS	10.3	475	11	3191
0.50wt%UCAB+ 0.15 wt% SDS	14.2	490	15	5513
0.50 wt%UCAB+ 0.20wt% SDS	18.4	520	19	7410
0.50wt%UCAB+ 0.25 wt% SDS	19.2	500	19	7125
0.50wt%UCAB+ 0.30 wt% SDS	19.7	460	20	6900
0.50wt%UCAB+ 0.35 wt% SDS	20.4	400	15	4500

上述实验结果表明，由于两性表面活性剂 UCAB 与阴离子表面活性剂 SDS 具有很好的增稠协同作用，SDS 充当了反离子的作用，可与 UCAB 自组装作用形成蠕虫状胶束。随着 SDS 阴离子表面活性剂的增加，起泡液的黏度逐渐增大，形成的蠕虫状胶束变长，并随着表面活性剂浓度的增加，表面活性剂分子间结合更加紧密，胶束聚集数增加，导致蠕虫状胶束长度增加，该胶束具有柔性，相互之间可以缠绕，表现出起泡液黏度增加。

总之，表面活性剂浓度处于低浓度范围时，随着表面活性剂的浓度增加，蠕虫状胶束逐渐“长大”，溶液黏度逐渐增加，黏度增大引起气/液界面膜的强度增大，泡沫半衰期延长。通过以上分析确定较优配方，即 0.50wt%UCAB +0.20wt%SDS。

2. HHF+BS-18 体系优化

1) HHF 浓度的确定

在实验温度 40℃和地层水矿化度条件下，保持 0.35wt%十八烷基二甲基甜菜碱浓度不变，变化耐高温高盐发泡剂(HHF)的浓度，连续通入 CO_2 1min，搅拌速率 4000r/min，搅拌时间 60s。研究耐高温高盐发泡剂的浓度对起泡性、半衰期和泡沫综合指数 FCI 的影响，如表 5-4 所示。随着耐高温高盐发泡剂的浓度增加，溶液黏度增加，起泡性降低，半衰期增加，泡沫综合指数 FCI 先增加后降低。浓度在 0.35wt%以上，半衰期不再增加，泡沫综合指数 FCI 开始降低。其发生这种变化的原因类似 UCAB+SDS 体系。较优的主剂是浓度为 0.35wt%的耐高温高盐发泡剂。

2) BS-18 浓度的确定

在实验温度 40℃和地层水矿化度条件下，保持 0.35wt%耐高温高盐发泡剂浓度不变，变化十八烷基二甲基甜菜碱(BS-18)的浓度，连续通入 CO_2 1min，搅拌速率 4000r/min，搅拌时间 60s。研究十八烷基二甲基甜菜碱的浓度对起泡性、半衰期和泡沫综合指数 FCI 的影响，如表 5-5 所示。

表 5-4　HHF 浓度对黏度、起泡性和半衰期的影响

表面活性剂配方	黏度/(mPa·s)	起泡性/mL	半衰期/min	FCI/(mL·min)
0.20wt% HHF +0.35wt% BS-18	7.4	450	5	1688
0.25wt% HHF +0.35wt% BS-18	9.5	420	8	2520
0.30wt% HHF +0.35wt% BS-18	12.4	405	12	3645
0.35wt% HHF +0.35wt% BS-18	19.2	350	14	3675
0.40wt% HHF +0.35wt% BS-18	20.7	300	15	3375
0.45wt% HHF +0.35wt% BS-18	24.6	270	15	3038
0.50wt% HHF +0.35wt% BS-18	28.1	250	15	2813

表 5-5　BS-18 浓度对黏度、起泡性和半衰期的影响

表面活性剂配方	黏度/(mPa·s)	起泡性/mL	半衰期/min	FCI/(mL·min)
0.20wt% BS-18+0.35wt% HHF	8.8	445	4	1335
0.25wt% BS-18+0.35wt%HHF	10.6	410	7	2153
0.30wt% BS-18+0.35wt% HHF	14.6	360	11	2970
0.35wt% BS-18+0.35wt% HHF	19.2	350	14	3675
0.40wt% BS-18+0.35wt% HHF	21.9	340	16	4080
0.45wt% BS-18+0.35wt% HHF	24.3	335	15	3769
0.50wt% BS-18+0.35wt% HHF	27.6	330	14	3465

随着十八烷基二甲基甜菜碱的浓度增加，溶液黏度增加，起泡性降低，半衰期增加，FCI 增加。当十八烷基二甲基甜菜碱浓度在 0.4wt%时，半衰期达到最大，FCI 值也达到最大，而后半衰期减小，FCI 值降低。较优的十八烷基二甲基甜菜碱浓度为 0.40wt%。

上述实验结果表明，耐高温高盐发泡剂是一种混合型表面活性剂，里面包含了两性表面活性剂以及其他类型的表面活性剂，作为稳定剂和起泡剂的表面活性剂，其表面吸附分子排列的紧密性和牢固性是最重要的因素。产生上述结果的原因是：①耐高温高盐发泡剂与阴离子表面活性剂两者形成的吸附分子排列紧密，使得表面膜本身具有较高的强度；②表面黏度较高而使邻近的表面膜的液层不易流动，液膜排液相对困难，液膜的厚度易于保持；③排列紧密的表面分子还能降低气体的透过性，从而增加泡沫的稳定性。但是当表面活性剂增加到一定程度时，形成的泡沫含液量减少，“脆性”增加，泡沫反而会变得不稳定。表面活性剂的起泡能力与表面张力有着密切的关系，当两者形成胶束时，已经达到临界胶束浓度，再增加表面活性剂浓度，表面张力不变，甚至稍微变大，所以呈现出起泡性逐渐下降的趋势。根据耐高温高盐发泡剂浓度和十八烷基二甲基甜菜碱浓度优化结果发现，较优的配方为“0.35wt%HHF+0.40wt%BS-18”。

3. BS-18+ SSL 体系优化

1) BS-18 浓度的确定

在实验温度 40℃和地层水矿化度条件下，保持 0.25wt%水杨酸钠浓度不变，变化十八烷基二甲基甜菜碱(BS-18)的浓度，连续通入 CO_2 1min，搅拌速率 4000r/min，搅拌时间 60s。研究十八烷基二甲基甜菜碱的浓度对黏度、起泡性、半衰期和泡沫综合指数 FCI 的影响，如表 5-6 所示。随着十八烷基二甲基甜菜碱的浓度增加，溶液黏度增加，起泡性降低，半衰期增加。浓度在 0.35wt%以上，半衰期增加不多，而泡沫综合指数 FCI 降低。较优的主剂十八烷基二甲基甜菜碱浓度为 0.35wt%。

表 5-6　BS-18 深度对黏度、起泡性和半衰期的影响

表面活性剂配方	黏度/(mPa·s)	起泡性/mL	半衰期/min	FCI·(mL·min)
0.20wt% BS-18+0.25wt% SSL	9.1	490	1	368
0.25wt% BS-18+0.25wt% SSL	15.0	450	3	1013
0.30wt% BS-18+0.25wt% SSL	16.4	420	5	1575
0.35wt% BS-18+0.25wt% SSL	18.9	385	9	2598
0.40wt% BS-18+0.25wt% SSL	22.6	340	10	2550
0.45wt% BS-18+0.25wt% SSL	24.2	305	11	2516
0.50wt% BS-18+0.25wt% SSL	26.8	300	11	2475

2) SSL 浓度的确定

在实验温度 40℃和地层水矿化度条件下，保持 0.35wt%十八烷基二甲基甜菜碱浓度不变，变化水杨酸钠(SSL)的浓度，连续通入 CO_2 1min，搅拌速率 4000r/min，搅拌时间 60s。研究水杨酸钠的浓度对起泡性、半衰期和泡沫综合指数 FCI 的影响，如表 5-7 所示。随着水杨酸钠的浓度增加，溶液黏度增加，起泡性降低，半衰期增加，泡沫综合指数 FCI 增加。当水杨酸钠的浓度在 0.30wt%以上，半衰期增加不多，泡沫综合指数 FCI 降低。较优的水杨酸钠浓度为 0.30wt%。

表 5-7　SSL 浓度对黏度、起泡性和半衰期的影响

表面活性剂配方	黏度/(mPa·s)	起泡性/mL	半衰期/min	FCI·(mL·min)
0.15wt% SSL+0.35wt% BS-18	9.1	465	1	349
0.20wt% SSL +0.35wt% BS-18	10.5	455	3	1024
0.25wt% SSL +0.35wt% BS-18	18.9	385	9	2598
0.30wt% SSL +0.35wt% BS-18	19.4	345	11	2846
0.35wt% SSL +0.35wt% BS-18	20.8	281	12	2529
0.40wt% SSL +0.35wt% BS-18	23.4	243	12	2187
0.45wt% SSL +0.35wt% BS-18	27.2	234	12	2106

上述实验结果表明，由于水杨酸钠与两性表面活性剂十八烷基二甲基甜菜碱浓度增加导致蠕虫状胶束长度增加，该胶束具有柔性，相互之间可以缠绕，表现出起泡液黏度增加。决定泡沫稳定性的关键因素在于液膜的强度，而液膜的强度主要取决于表面吸附膜的坚固性。表面吸附膜的坚固性通常以表面黏度来量度。产生上述现象的原因是随着表面活性剂浓度的增加，液体的表面黏度也就随之增加，这样有利于泡沫稳定性的提高，表面黏度大，泡沫液膜不易破坏，增加液膜强度和使得液膜两表面膜临近的液体不易排出。因而延缓了液膜的破裂时间，增强了泡沫的稳定性。但是，当表面活性剂增加到一定浓度之后，表面活性剂吸附量达到饱和状态，形成的泡沫含液量减少，泡沫反而变得不稳定。

根据“十八烷基二甲基甜菜碱+水杨酸钠”浓度优化结果发现，较优的配方为“0.35wt% BS-18+0.30wt% SSL”。

4. DDSS +SDS 体系优化

1) DDSS 浓度的确定

在实验温度 40℃和地层水矿化度条件下，保持 0.25wt%SDS 浓度不变，变化月桂基磺基琥珀酸二钠(DDSS)的浓度，连续通入 CO_2 1min，搅拌速率 4000r/min，搅拌时间 60s。研究月桂基磺基琥珀酸二钠的浓度对起泡性、半衰期和泡沫综合指数 FCI 的影响，如表 5-8 所示。随着月桂基磺基琥珀酸二钠的浓度增加，溶液黏度增加，起泡性先增加后降低，半衰期短。浓度在 0.60wt%时，黏度较高，泡沫增加得较多，但半衰期也增加、泡沫综合指数 FCI 增加显著。浓度在 0.70wt%时 FCI 达到最大值。为了降低成本，同时考虑超低渗油藏化学剂的注入性，较优的主剂月桂基磺基琥珀酸二钠浓度为 0.70wt%。

表 5-8　DDSS 浓度对黏度、起泡性和半衰期的影响

表面活性剂配方	黏度/(mPa·s)	起泡性/mL	半衰期/min	FCI/(mL·min)
0.40wt% DDSS +0.25wt% SDS	5.2	120	2	180
0.50wt% DDSS +0.25wt% SDS	7.4	160	5	600
0.60wt% DDSS +0.25wt% SDS	9.2	260	8	1560
0.70wt% DDSS +0.25wt% SDS	10.7	300	10	2250
0.80wt% DDSS +0.25wt% SDS	14.7	280	10	2100
0.90wt% DDSS +0.25wt% SDS	17.6	230	10	1725

2) SDS 浓度的确定

在实验温度 40℃和地层水矿化度条件下，保持 0.70wt%月桂基磺基琥珀酸二钠浓度不变，变化 SDS 浓度，连续通入 CO_2 1min，搅拌速率 4000r/min，搅拌时间 60s。研究 SDS 浓度对起泡性、半衰期和泡沫综合指数 FCI 的影响，如表 5-9

所示。随着 SDS 的浓度增加，溶液黏度增加，起泡性增加，半衰期增加，但半衰期短。浓度在 0.30wt%泡沫综合指数达到最大值 2790mL·min。浓度在 0.3wt%以上，黏度增加，泡沫起泡性下降，半衰期也下降，泡沫综合指数下降。较优的 SDS 浓度为 0.30wt%。

上述实验结果表明，两种阴离子表面活性剂与盐溶液中的阳离子如钠离子、钙离子、镁离子的相互作用形成蠕虫状胶束，起增稠作用。随着阴离子表面活性剂的增加，起泡液的黏度逐渐增大，表面活性剂分子间结合更加紧密，胶束聚集数增加，导致蠕虫状胶束长度增加。该胶束具有柔性，相互之间可以缠绕，表现出起泡液黏度增加。前期黏度增加较小对起泡性影响不大，后期起泡液黏度增加较多，导致起泡体积下降，半衰期增加，泡沫综合指数下降。根据 DDSS+SDS 浓度优化结果，较优的配方是 0.70wt%DDSS+0.30wt%SDS。

表 5-9　SDS 浓度对黏度、起泡性和半衰期的影响

表面活性剂配方	黏度/(mPa·s)	起泡性/mL	半衰期/min	FCI/(mL·min)
0.10wt% SDS +0.70wt% DDSS	4.1	210	4	630
0.15wt% SDS +0.70wt% DDSS	6.7	240	5	900
0.20wt% SDS +0.70wt% DDSS	8.9	270	8	1620
0.25wt% SDS +0.70wt% DDSS	10.7	300	10	2250
0.30wt% SDS +0.70wt% DDSS	13.7	310	12	2790
0.35wt% SDS +0.70wt% DDSS	18.2	270	11	2228
0.40wt% SDS +0.70wt% DDSS	22.4	260	11	2145

5. OA-2+AES 体系优化

1) OA-2 浓度的确定

在实验温度 40℃和地层水矿化度条件下，保持 0.60wt%AES 浓度不变，变化氧化胺(OA-2)的浓度，连续通入 CO_2 1min，搅拌速率 4000r/min，搅拌时间 60s。研究氧化胺的浓度对起泡性、半衰期和泡沫综合指数 FCI 的影响，如表 5-10 所示。随着氧化胺的浓度增加，溶液黏度增加，起泡性和半衰期先增加后减小。当浓度在 0.45wt%时，FCI 达到最大值 4837mL·min。当浓度在 0.45wt%以上，半衰期降低，泡沫综合指数 FCI 也降低。较优的氧化胺的浓度为 0.45wt%。

表 5-10　OA-2 浓度对黏度、起泡性和半衰期的影响

表面活性剂配方	黏度/(mPa·s)	起泡性/mL	半衰期/min	FCI/(mL·min)
0.25wt% OA-2+0.60wt% AES	8.7	170	15	1913
0.30wt% OA-2+0.60wt% AES	12.3	200	20	3000
0.35wt% OA-2+0.60wt% AES	16.9	205	24	3690

续表

表面活性剂配方	黏度/(mPa·s)	起泡性/mL	半衰期/min	FCI/(mL·min)
0.40wt% OA-2+0.60wt% AES	18.5	210	26	4095
0.45wt% OA-2+0.60wt% AES	21.7	215	30	4837
0.50wt% OA-2+0.60wt% AES	22.5	230	28	4830
0.55wt% OA-2+0.60wt% AES	26.1	220	27	4455

2) AES 浓度的确定

在实验温度 40℃和地层水矿化度条件下，保持 0.45wt%氧化胺浓度不变，改变 AES 的浓度，连续通入 CO_2 1min，搅拌速率 4000r/min，搅拌时间 60s。研究 AES 的浓度对起泡性、半衰期和泡沫综合指数 FCI 的影响，如表 5-11 所示。随着 AES 的浓度增加，溶液黏度增加，起泡性先增加后减小，半衰期先增加后降低。在浓度在 0.60wt%时，FCI 达到最大值 4837mL·min。当浓度在 0.60wt%以上时，黏度增加，泡沫综合指数 FCI 减小。较优的 AES 浓度为 0.60wt%。根据 OA-2+AES 浓度优化结果，较优的配方是 0.45wt% OA-2+0.60wt%AES。

表 5-11　AES 浓度对黏度、起泡性和半衰期的影响

表面活性剂配方	黏度/(mPa·s)	起泡性/mL	半衰期/min	FCI/(mL·min)
0.30wt% AES + 0.45wt% OA-2	2.1	100	13	975
0.40wt% AES + 0.45wt% OA-2	4.6	170	17	2168
0.50wt% AES + 0.45wt% OA-2	9.5	230	24	4140
0.60wt% AES + 0.45wt% OA-2	21.7	215	30	4837
0.70wt% AES + 0.45wt% OA-2	22.5	220	26	4290
0.80wt% AES + 0.45wt% OA-2	24.7	220	20	3300
0.90wt% AES + 0.45wt% OA-2	26.6	200	19	2850

氧化胺(amine oxide，OA)，是氧与叔胺分子中的氮原子直接化合的氧化物。氧化胺分子中的氧带有较多的负电荷，能与氢质子结合，是一种弱碱，但碱性要比母体叔胺弱。氧化胺的弱碱性使其在中性和碱性溶液中显出非离子特性，在酸性介质中呈阳离子性，是一种多功能两性表面活性剂。AES 是一种非-阴离子表面活性剂，水溶液常常显弱碱性，氧化胺在这种溶液中显出非离子特性。因而两种表面活性剂的复配，其表面性能表现出不受水中的阴离子和阳离子的影响，具有很强的抗盐性。形成的这种复合胶束在无机盐作用下从球状胶束或棒状胶束生长成蠕虫状胶束。随着浓度的增加，蠕虫状胶束逐渐“长大”，缠结增加，黏度增加，气液界面膜的强度增加，泡沫综合指数增加。泡沫综合指数达到最大值后，当两表面活性剂浓度再增加，蠕虫状胶束发生部分支化而重排，气液界面膜的强

度降低，导致起泡体积和泡沫半衰期下降，但下降并不多，最终使得泡沫综合指数减少。

6. LSB + LG-300 体系优化

1）LSB 浓度的确定

在实验温度 40℃和地层水矿化度条件下，保持 0.50wt% LG-300 含氟表面活性剂浓度不变，变化 LSB 月桂酰胺基丙基羟基磺基甜菜碱的浓度，连续通入 CO_2 1min，搅拌速率 4000r/min，搅拌时间 60s。研究 LSB 的浓度对起泡性、半衰期和泡沫综合指数 FCI 的影响，如表 5-12 所示。

表 5-12　LSB 浓度对黏度、起泡性和半衰期的影响

表面活性剂配方	黏度/(mPa·s)	起泡性/mL	半衰期/min	FCI/(mL·min)
0.30wt%LSB+0.50wt% LG-300	3.5	100	7	525
0.40wt%LSB+0.50wt% LG-300	6.2	120	10	900
0.50wt%LSB+0.50wt% LG-300	10.4	130	22	2145
0.60wt%LSB+0.50wt% LG-300	18.8	150	45	5063
0.70wt%LSB+0.50wt% LG-300	21.8	180	48	6480
0.80wt%LSB+0.50wt% LG-300	24.8	170	52	6630
0.90wt%LSB+0.50wt% LG-300	30.8	175	47	6169

随着 LSB 的浓度增加，溶液黏度增加，起泡体积增加但量小，半衰期增加。浓度在 0.80wt%以上，黏度增加，泡沫变化不大，但半衰期达到最大。分析原因可知，LSB 是带羟基的两性表面活性剂，具有极高的抗盐性，在 LG-300 含氟表面活性剂的增强作用下，溶液中的无机盐可促进上述复合体系胶束的生长，从球状或棒状胶束生成蠕虫状胶束。LSB 中存在羟基连接链之间有氢键作用，这增加了离子头基的亲水性，促进了反离子的解离，增大的胶束表面电荷密度，易结合反离子，减小了头基间的静电斥力，反过来又增强了分子间氢键，致使蠕虫状胶束迅速生长。随着 LSB 浓度增加，初级蠕虫状胶束不断变长，黏度增加，起泡体积和半衰期共同决定泡沫综合指数增加。当 LSB 浓度继续增加，长的蠕虫状胶束发行部分支化，黏度增加，但起泡体积和半衰期共同决定泡沫综合指数下降。较优的主剂 LSB 浓度范围为 0.80wt%。

2）LG-300 浓度的确定

在实验温度 40℃和地层水矿化度条件下，保持 0.80wt%LSB 浓度不变，变化含氟表面活性剂的浓度，连续通入 CO_2 1min，搅拌速率 4000r/min，搅拌时间 60s。研究含氟表面活性剂的浓度对起泡性、半衰期和泡沫综合指数 FCI 的影响，结果如表 5-13 所示。

表 5-13　LG-300 浓度对黏度、起泡性和半衰期的影响

表面活性剂配方	黏度/(mPa·s)	起泡性/mL	半衰期/min	FCI/(mL·min)
0.20wt% LG-300+0.80wt%LSB	5.5	150	8	900
0.30wt% LG-300+0.80wt%LSB	10.8	155	25	2906
0.40wt% LG-300+0.80wt%LSB	14.8	160	44	5280
0.50wt% LG-300+0.80wt%LSB	24.8	170	52	6630
0.60wt% LG-300+0.80wt%LSB	26.6	175	52	6825
0.70wt% LG-300+0.80wt%LSB	29.9	180	52	7020

随着 LG-300 的浓度增加，溶液黏度增加，起泡性增加，半衰期增加，当浓度在 0.50wt%以上时，黏度增加，起泡体积增加不多，FCI 增加平缓。较优的 LG-300 浓度为 0.50wt%。分析原因，LG-300 能有效降低体系表面张力 22mN/m，一般来说随着 LG-300 表面活性剂浓度的增加，溶液表面张力值降低，从而起泡沫性好。同时随着 LG-300 浓度变大，促进蠕虫状胶束生成且数量变大，缠结程度增加，半衰期增加，泡沫综合指数增加。当 LG-300 增加到一定程度后，蠕虫状胶束发生部分支化，缠结更程度变化不大，半衰期几乎不变，泡沫综合指数增加不多。

根据 LSB + LG-300 体系浓度优化结果，较优的配方是 0.80wt% LSB +0.50wt% LG-300。

综上所述，6 组复合起泡剂体系的最佳配方、复配体系起泡性能及黏度如表 5-14 所示。

表 5-14　筛选的 6 组体系配方及黏度、起泡性和半衰期

编号	较优表面活性剂配方	黏度/(mPa·s)	起泡性/mL	半衰期/min	FCI/(mL·min)
1	0.50wt%UCAB+0.20wt%SDS	18.4	520	19	7410
2	0.40wt% BS-18+0.35wt% HHF	21.9	340	16	4080
3	0.30wt% SSL +0.35wt% BS-18	19.4	345	11	2846
4	0.30wt%SDS+0.70wt% DDSS	13.7	310	12	2790
5	0.60wt%AES+0.45wt% OB-2	21.7	215	30	4837
6	0.50wt%LG-300+0.80wt%LSB	24.8	170	52	6630

由表 5-14 中数据，比较泡沫综合指数 FCI 可知，泡沫的综合性能大小关系为配方 1＞ 配方 6＞ 配方 5＞ 配方 2＞ 配方 3＞ 配方 4。筛选出最优的配方体系是配方 1，即 0.50 wt % UCAB+ 0.20wt% SDS，在后面的性能实验中使用这组配方进行评价。筛选出来的起泡剂起泡效果和稳定性能较好，原因主要在于两性离子表面活性剂与阴离子表面活性剂通过静电作用可缔合成球状、棒状、蠕虫状胶束，而形成的蠕虫状胶束起泡剂溶液具有良好的起泡性能。

5.1.5　微泡沫尺寸

通过高速搅拌发泡产生的泡沫如图 5-9 所示，泡沫数量较多，在二维平面上形成六边形结构，泡沫尺寸大多数在 2～10μm，泡沫尺寸较小，适合低渗透地层泡沫注入。该泡沫注入地层，在地层温度和压力下尺寸更小，折算成地层温度和压力下小于 3.1μm，适合延长油田主流狭窄吼道注入。

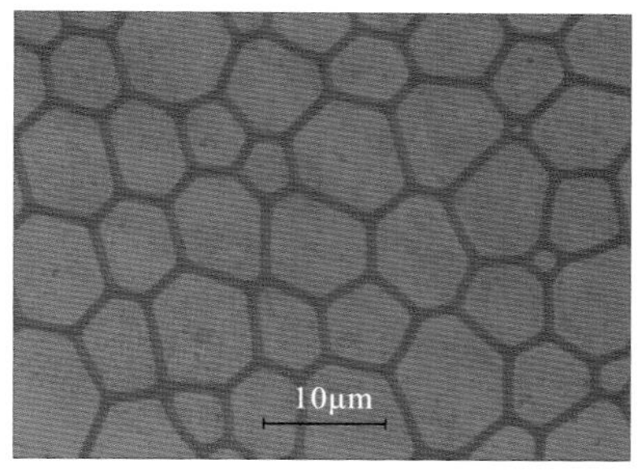

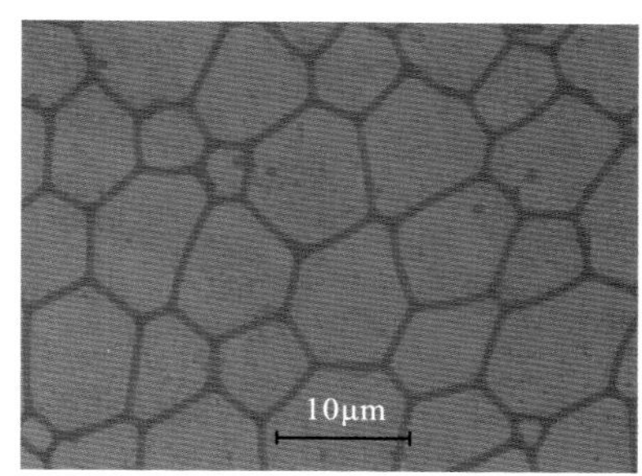

图 5-9　微泡沫尺寸图

由式(5-3)和式(5-4)可计算得到 CO_2 微泡沫的平均直径 d_{av}=6.4μm，变异因数 CV 为 0.33，表明形成的泡沫尺寸较小且较均匀，达到了微泡沫的尺寸要求。

5.2　CO_2 起泡体系性能评价

CO_2 起泡体系性能评价采用前面筛选出最优的复配体系，即 0.50wt% UCAB+ 0.20wt% SDS 体系。

5.2.1　蠕虫状胶束形貌

冷冻刻蚀透射电镜下蠕虫状胶束形貌如图 5-10 所示。

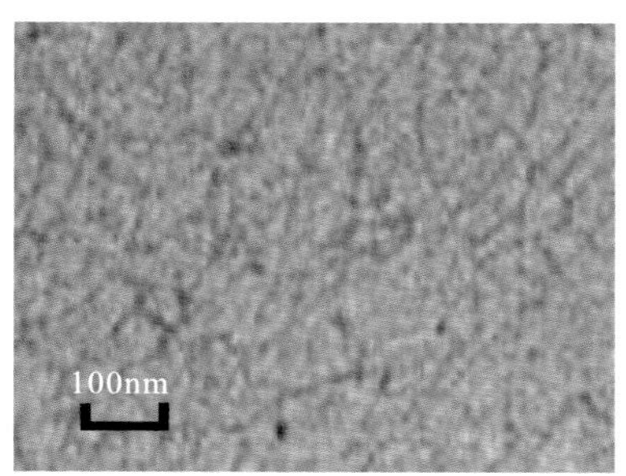

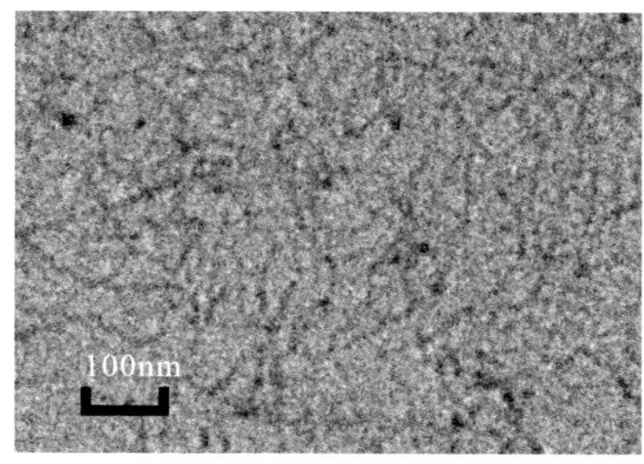

图 5-10　冷冻刻蚀透射电镜下蠕虫状胶束形貌

实验结果表明，筛选出的最佳起泡体系，在常温 25℃和模拟地层水矿化度 65541mg/L 条件下，采用冷冻刻蚀透射电镜实验观察体系形貌，发现自组装形成初级蠕虫状胶束，其胶束长度为 20～200nm，能达到自增稠自稳定泡沫的作用。

5.2.2　抗温性评价

模拟地层温度 25℃、35℃、45℃、55℃、65℃和 70℃，在模拟地层水 65541mg/L 配制 0.50wt%UCAB+0.20wt%SDS 的表面活性剂混合溶液，采用 Brookfield 黏度仪在常温下测试，转速 5.6r/min，剪切速率 7.392s^{-1}。测得黏度、起泡性和半衰期如表 5-15 所示。

表 5-15　不同温度下配方体系的黏度、起泡性和半衰期变化情况

温度/℃	黏度/(mPa·s)	起泡体积/mL	半衰期/min	FCI/(mL·min)
25	36.8	425	34	10837
35	18.4	520	19	7410
45	13.5	530	18	7155
55	11.7	540	17	6885
65	8.2	510	15	5738
70	5.5	450	13	4388

在温度为 25℃时，体系起泡体积 425mL，泡沫半衰期为 34min。温度增加，黏度下降，半衰期下降，但起泡体积先增加后减小，泡沫综合指数一直减小。当温度达到 70℃时，起泡体积 450mL，半衰期 13min，泡沫综合指数 FCI 达到 4388mL/min。可见随温度增高，蠕虫状胶束发生部分支化，但未受到破坏而解体，因而在 25～70℃的温度范围内都适用，但在低温下体系黏度较大，注入性变差，在实际施工中应该考虑用降低表面活性剂浓度来提高注入性。一般情况下，随着温度的升高，起泡剂溶液的起泡体积先增加，达到某一定值后又呈下降趋势。在温度较低时，随温度的增加，起泡剂溶解性增加，液膜上的表面活性剂分子较多，泡沫稳定性增加，当温度进一步升高时，溶液膨胀，分子间的间距增大，同时分子运动加剧，导致分子间的作用力减弱，水化程度降低。表面活性剂分子排列不紧密，则溶液黏度降低，排液速率加快，泡沫稳定性下降。综上所述，一般随温度升高泡沫稳定性下降。

5.2.3　抗盐性评价

1. 钠(钾)离子对 FCI 的影响

在地层温度 70℃条件下，配制四种地层水矿化度 5×10^4mg/L、10×10^4mg/L、

12×10^{4}mg/L 和 15×10^{4}mg/L，其中钠离子、钾离子和氯离子的浓度如表 5-16 所示。

表 5-16　模拟地层水矿化度

编号	Na^+/(mg/L)	K^+/(mg/L)	Cl^-/(mg/L)	总矿化度/(mg/L)
1	9913.8	13087.2	26999.0	5×10^4
2	19827.6	26174.4	53998.0	10×10^4
3	23793.1	31409.3	64797.6	12×10^4
4	29741.4	39261.6	80997.0	15×10^4

在四种不同矿化度下测定 UCAB +SDS 体系的黏度、起泡性和半衰期变化情况，如表 5-17 所示。

表 5-17　不同矿化度条件下配方体系的黏度、起泡性和半衰期变化情况

总矿化度/(mg/L)	黏度/(mPa·s)	起泡体积/mL	半衰期/min	FCI/(mL·min)
5×10^4	47.9	710	20	10650
10×10^4	35.6	650	18	8775
12×10^4	24.4	615	15	6919
15×10^4	16.7	600	12	5400

当矿化度增加，黏度下降，起泡性下降，泡沫半衰期减少且时间较短，一般认为在低矿化度条件下促进蠕虫状胶束的生成，矿化度太高，严重压缩蠕虫状胶束的水化层，表面电荷密度降低，使得黏度下降，气/液膜变薄，稳定性下降。可以认为蠕虫状胶束的生长受到抑制，且部分发生了支化，但未受到破坏。从表 5-17 可知，在 5×10^4～15×10^{4}mg/L 的盐度范围内适用。当矿化度较低时，体系黏度较大，注入性变差，可以通过降低表面活性剂浓度来降低黏度。

2. 钙离子对 FCI 的影响

在地层温度 70℃条件下，配制四种地层水钙离子浓度 3×10^{3}mg/L、4×10^{3}mg/L、5×10^{3}mg/L 和 6×10^{3}mg/L，其中钙离子和氯离子的浓度如表 5-18 所示。

表 5-18　模拟钙离子浓度

编号	Ca^{2+}/(mg/L)	Cl^-/(mg/L)	总矿化度/(mg/L)
5	3×10^3	5325	8325
6	4×10^3	7100	11100
7	5×10^3	8875	13875
8	6×10^3	10650	16650

在四种不同钙离子浓度下测定 UCAB +SDS 体系黏度、起泡性和半衰期变化如表 5-19 所示。

表 5-19　不同钙离子浓度下配方体系黏度、起泡性和半衰期变化情况

钙离子/(mg/L)	黏度/(mPa·s)	起泡体积/mL	半衰期/min	FCI/(mL·min)
$3×10^3$	76.3	620	25	11625
$4×10^3$	57.8	605	22	9982
$5×10^3$	43.6	580	20	8700
$6×10^3$	37.8	560	18	7560

从表 5-19 可知，当钙离子浓度增加，黏度下降，起泡性下降，泡沫半衰期减少且时间较短，蠕虫状胶束支化变短，但蠕虫状胶束未受到破坏而解体，在 $3×10^3$～$6×10^3$ mg/L 的矿化度范围内适用。但当矿化度较低时，体系黏度较大，注入性变差，可以通过降低表面活性剂浓度来降低黏度。

3. 镁离子对 FCI 的影响

在地层温度 70℃条件下，配制四种地层水镁离子浓度 $3×10^3$mg/L、$4×10^3$mg/L、$5×10^3$mg/L 和 $6×10^3$mg/L，镁离子和氯离子的浓度如表 5-20 所示。在四种不同镁离子浓度下测定 UCAB +SDS 体系的黏度、起泡性和半衰期变化，如表 5-21 所示。

表 5-20　模拟镁离子浓度

编号	Mg^{2+}/(mg/L)	Cl^-/(mg/L)	总矿化度/(mg/L)
9	$3×10^3$	8875.0	11875.0
10	$4×10^3$	11833.3	15833.3
11	$5×10^3$	14791.7	19791.7
12	$6×10^3$	17750.0	23750.0

表 5-21　不同镁离子下 UCAB +SDS 体系的黏度、起泡性和半衰期变化情况

镁离子浓度/(mg/L)	黏度/(mPa·s)	起泡体积/mL	半衰期/min	FCI/(mL·min)
$3×10^3$	39.4	750	45	25312
$4×10^3$	32.5	740	35	19425
$5×10^3$	22.1	720	28	15120
$6×10^3$	13.8	710	23	12248

当镁离子浓度增加，黏度下降，起泡性下降，泡沫半衰期减少且时间较短，蠕虫状胶束支化变短，但蠕虫状胶束未受到破坏而解体，因而在 $3×10^3$～$6×10^3$mg/L 的矿化度范围内适用，但当矿化度较低时，体系黏度较大，注入性变

差，可以通过降低表面活性剂浓度来降低黏度，达到注入性要求。比较表 5-19 和表 5-21 的钙离子、镁离子的相关数据可知，钙离子对 UCAB+SDS 体系的黏度、起泡性及 FCI 的影响大于镁离子的影响。

5.2.4　黏弹性评价

25℃条件下，在矿化度 65541mg/L 的溶液中配制 0.50wt%UCAB+0.20wt%SDS 表面活性剂体系，测定了弹性模量（G'）及黏性模量（G''）与剪切频率（ω）的关系，如图 5-11 所示。

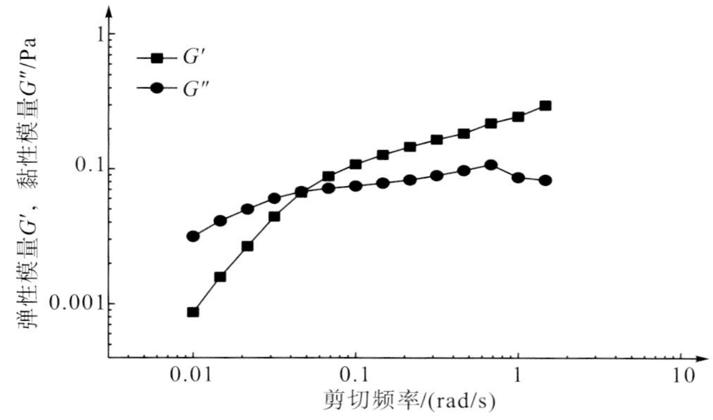

图 5-11　弹性模量（G'）及黏性模量（G''）与剪切频率的关系(25℃时，矿化度 65541mg/L)

从图 5-11 中可以看出，随着剪切频率的增加，弹性模量和黏性模量均呈上升趋势，在剪切频率 $\omega<0.066$，$G'<G''$；$\omega>0.066$，$G'>G''$。这是因为两性表面活性剂的阳离子基团与阴离子表面活性剂阴离子基团之间达到静电平衡，形成蠕虫状胶束，在低频区胶束之间发生缠结，形成“网络结构”，此时，黏性模量 G'' 大于弹性模量 G'。而在高频区，胶束之间“网络结构”发生解缠结，导致黏度下降，并且弹性模量 G' 大于黏性模量 G''。25℃时，在矿化度 65541mg/L 的溶液中配制 0.50wt%UCAB+0.20wt%SDS 表面活性剂体系，测定了弹性模量（G'）与黏性模量（G''）的关系，如图 5-12 所示。

从图 5-12 可以看出，在低频区，溶液体系的 Cole-Cole 曲线呈半圆状；而在高频区 G'' 会偏离 Cole-Cole 曲线。这是因为若 Cole-Cole 曲线呈半圆状，则表示体系流变性质符合单松弛时间的 Maxwell 模型。由于蠕虫状胶束体系是一个处于不断解离和重组的动态平衡网络结构，当胶束的断裂特征时间远小于其蠕动特征时间时，体系将呈现出具有单一特征弛豫时间的 Maxwell 流体的性质。故可推断出该溶液体系存在蠕虫状胶束。

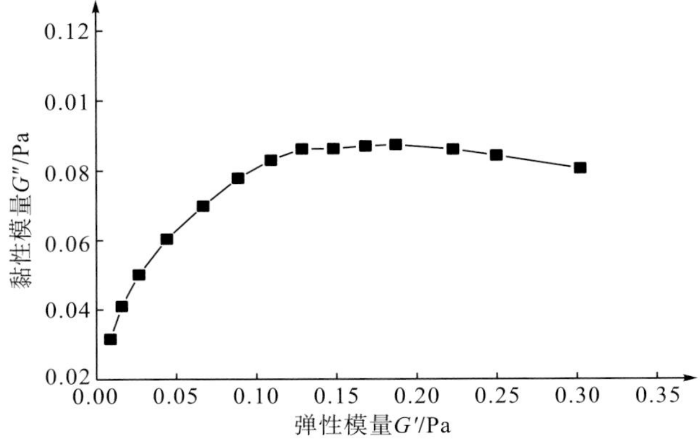

图 5-12　弹性模量（G'）与黏性模量（G''）的关系（25℃时，矿化度 65541mg/L）

通过肉眼观察实验、黏度测定实验、溶液黏弹性实验和泡沫半衰期实验，从宏观上间接证明蠕虫状胶束的形成，而采用冷冻刻蚀透射电镜实验从介观上进一步证明蠕虫状胶束的存在。通过表面活性剂之间复配发挥不同种类表面活性剂的特性，表面活性剂的离子基团与反离子之间达到静电平衡，在复配体系中形成具有一定黏弹性的起泡液，该起泡体系能够形成蠕虫状胶束，具有蠕虫状胶束的起泡液相比于传统的起泡液其泡沫更细腻、泡沫的起泡性和泡沫稳定性都更优异。基于上面的研究思路，本研究做了大量不同表面活性剂的筛选工作，研制了能够形成具有蠕虫状胶束，容易形成泡沫，泡沫细小且泡沫的半衰期长的起泡液体系。通过研究发现最优起泡液体系为 0.50wt%UCAB+0.20wt%SDS 体系，在 65541mg/L 矿化度的溶液中能够形成蠕虫状胶束。其蠕虫状胶束具有很好的抗温抗盐性，满足延长油田二氧化碳泡沫驱的需要。

5.3　CO_2微泡沫体系影响因素分析

采用前面筛选出的最优复配体系 0.50wt% UCAB+ 0.20wt% SDS 进行CO_2起泡体系影响因素分析，其中溶剂采用地层水。

5.3.1　pH 对泡沫性能的影响

采用上述复配体系，用地层水配制成起泡剂溶液，用 ZD-2 型酸度计测得该溶液的 pH 为 7.8。然后通过滴加 0.1mol/L 的盐酸或 0.1mol/L 的氢氧化钠来改变溶液的 pH，用 Waring-Blender 法测定其在 40℃下的起泡体积和半衰期，如表 5-22 和图 5-13 所示。

表 5-22　pH 对起泡性能的影响

pH	2	3	4	5	6	7	8	9	10	11
V_0/mL	440	465	470	470	475	480	480	470	460	440
$t_{1/2}$/min	15	17	17	18	18	19	20	19	18	16
FCI/（mL·min）	4950	5928	5993	6340	6413	6840	7200	6698	6210	5280

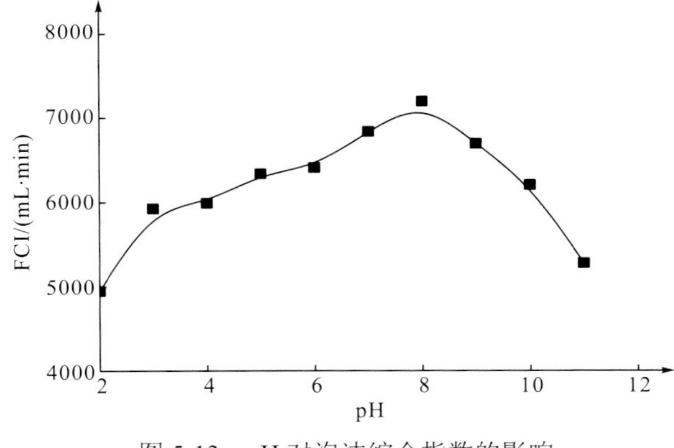

图 5-13　pH 对泡沫综合指数的影响

由图 5-13 可知，酸性条件下，起泡受抑制，随着 pH 的增加，FCI 增加，当 pH 为 8 左右时，FCI 达到最大，pH 再上升，起泡体积又开始下降。pH 为 3～10 时，FCI 保持较大值，泡沫综合性能较好，因而该起泡体系有较宽的 pH 容忍能力。

5.3.2　矿化度对体系表界面张力的影响

1. 矿化度对体系表面张力的影响

在温度 40℃，本体系在不同矿化度情况下测得的表面张力如图 5-14 所示。

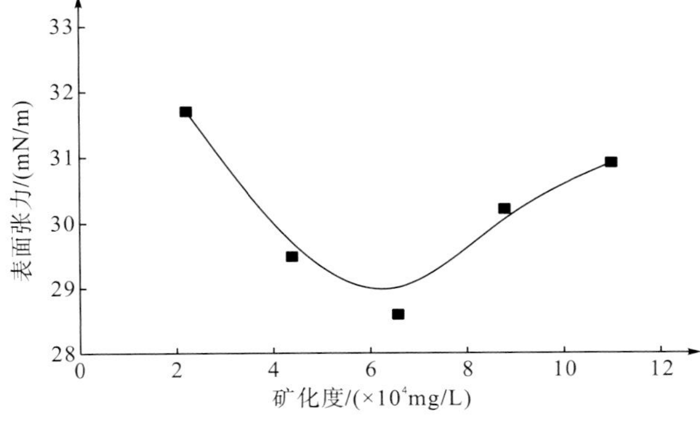

图 5-14　矿化度对体系表面张力的影响

从图 5-14 可见，在矿化度 0～6.6×10^4mg/L 时，随着矿化度的增加，表面张力下降；在矿化度大于 6.6×10^4mg/L 时，随着矿化度的增加，表面张力上升。可见表面张力随矿化度变化有一最佳值。

2. 矿化度对体系界面张力的影响

在温度 40℃，本体系在不同矿化度情况下测得的界面张力如图 5-15 所示。

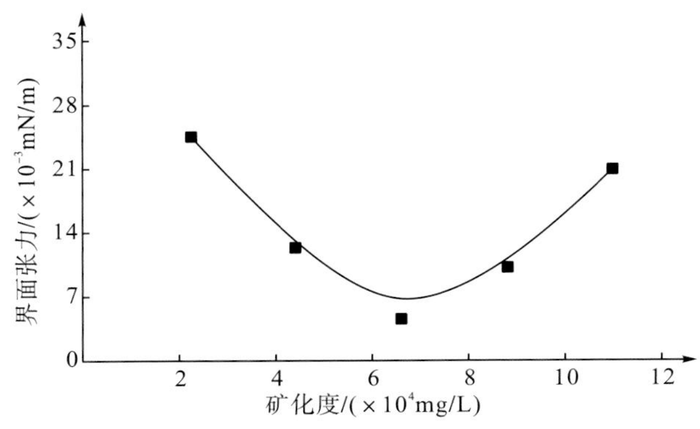

图 5-15　矿化度对体系界面张力的影响

从图 5-15 可见，在矿化度 0～6.6×10^4mg/L 时，随着矿化度的增加，界面张力下降；在矿化度大于 6.6×10^4mg/L 时，随着矿化度的增加，界面张力上升。可见界面张力也随矿化度变化有一最佳值。矿化度对表面张力和界面张力的影响具有相似性。当矿化度为 4.4×10^4mg/L 和 8.8×10^4mg/L 时，界面张力达到了 10^{-2}mN/m 数量级。

5.3.3　岩石润湿性对泡沫稳定性的影响

在玻璃板(模拟亲水岩石)和均匀铺有固体石蜡的玻璃板(模拟疏水岩石)上分别滴加用 Waring Blender 法 3000r/min 产生的泡沫，比较 10mL 同一泡沫在两个不同性质的界面上消失的时间。

从表 5-23 可知，水湿表面泡沫消失时间长，而油湿表面泡沫消失时间短，说明水湿固体表面泡沫破裂慢，稳定性好，油湿表面泡沫破裂快，稳定性差。

表 5-23　不同矿化度泡沫体系的半衰期和泡沫质量

地层水，室温条件	玻璃板	铺有固体石蜡的玻璃板
模拟条件，10mL 泡沫	水湿	油湿
泡沫最终消失时间/s	482	214

5.3.4　原油对微泡沫性能的影响

1. 加油后起泡

采用地层水配制起泡液，加入不同浓度的原油，在 40℃下用 Waring Blender 法制备微泡沫，测定其起泡体积和半衰期，列于表 5-24。从表 5-24 可看出，14%以内的原油随原油加量的增加起泡量逐渐降低，而随原油加量的增加半衰期稍有增加。这主要是因为在 Waring Blender 高速搅拌器的强力搅拌下，对油有很好的乳化作用，被乳化后的油对泡沫有一定的稳定作用。由于起泡体积随含油量的降低较显著，导致泡沫综合指数 FCI 随含油量的增加而降低。

表 5-24　原油对泡沫性能的影响

原油加量/%	0	2	4	6	8	10	12	14
V_0/mL	480	475	470	450	430	400	370	320
$t_{1/2}$/min	20	19	18	16	16	17	18	19
FCI/(mL·min)	7200	6769	6345	5400	5160	5100	4995	4560

2. 起泡后加油

采用地层水配制起泡液，在 40℃下用 Waring Blender 法制备微泡沫，再用胶状滴管均匀加入不同量的原油，测定其起泡体积和半衰期，列于表 5-25。由表中数据可见，少量的原油(原油≤8%)对泡沫稳定性的影响不大，但随着原油加量的增加，泡沫的综合指数下降。这是因为油对泡沫有抑制和破坏的作用，无论用何种起泡剂配制的泡沫，接触油类后综合指数均将下降。但原油加量较少时，油与泡沫接触还不是很充分，所以表现出来对综合指数的影响不大，而当原油加量增大时，油与泡沫接触较充分，油对泡沫的综合指数影响作用也就表现出来了。体系起泡剂在含油量达 8%的静态条件下仍有较强的稳定性和起泡性。

表 5-25　原油对泡沫稳定性的影响

原油加量/%	0	2	4	6	8	10	12
V_0/mL	480	475	470	470	460	450	430
$t_{1/2}$/min	20	20	19	18	18	16	13
FCI/(mL·min)	7200	7125	6698	6345	6210	5400	4193

5.3.5　老化时间对体系热稳定性的影响

泡沫驱体系在整个驱替过程中要在地层下运移长达几个月甚至几年时间，具体时间主要依赖注入速率、地层渗透率和井间距而决定。溶解氧、金属离子、微生物和温度都能使表面活性剂降解而不稳定。因而，泡沫驱油体系的稳定性是油田矿场试验的一个重要指标。研究泡沫驱油体系的稳定性一般模拟地层条件，120天条件下观察泡沫综合指数和油/水界面张力(interfacial tension，IFT)的变化情况。

分别考察了该体系起泡体系基液在40℃条件下，长达4个月的IFT变化情况，如图5-16所示。在油藏条件下，IFT随老化时间的变化非常小，体系没有出现相分离现象。这将证明表面活性剂体系的性质在驱替过程中保持不变。

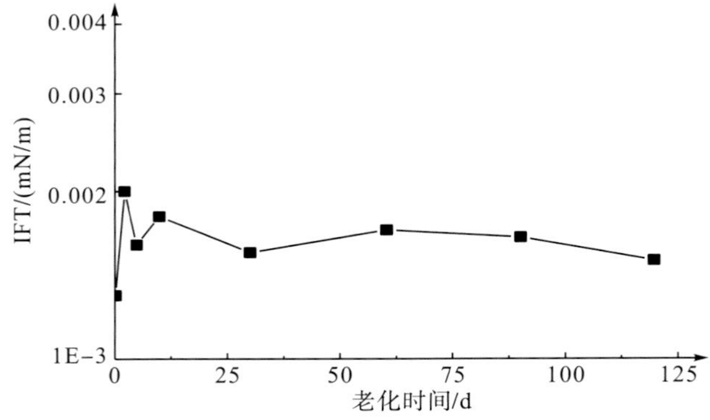

图5-16　基液的IFT随老化时间的变化情况(40℃)

如图5-17所示测定了泡沫基液的长期起泡性，在油藏条件下，泡沫综合指数随老化时间的变化非常小。这将证明表面活性剂体系的性质在驱替过程中保持不变。在40℃条件下，经过老化四个月后FCI略有下降。化学驱学术界一般认为：在四个月内基液FCI保持率大于等于85%，则认为在该条件下起泡体系稳定性好。由此可见在40℃下，泡沫基液长期起泡性良好。

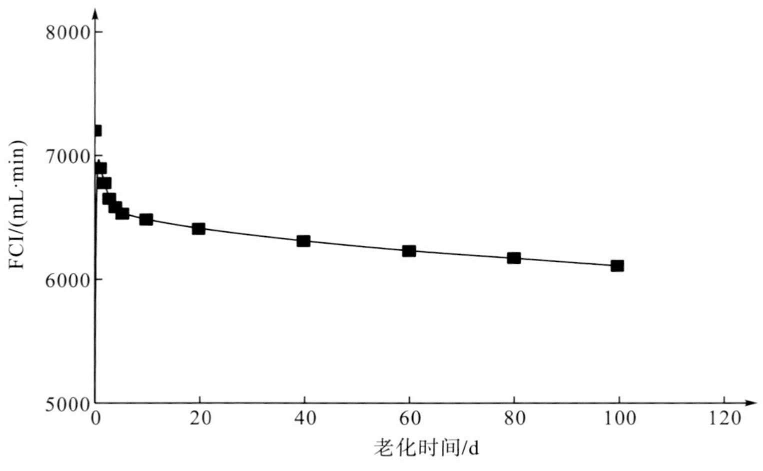

图5-17　老化时间对泡沫综合指数的影响(40℃)

5.3.6　静态吸附对泡沫体系的影响

在 500mL 起泡体系基液中加入 50g 预先洗净烘干的油层砂，搅拌，放入 40℃的恒温箱中，作用 24 小时后滤出溶液，测定滤液的 IFT 和 FCI。接着把过滤的油层砂放入滤液中再次吸附，作用 24 小时后滤出溶液，再测定滤液的 IFT 和 FCI。如此吸附 5 次，分别测定滤液的 IFT 和 FCI。在以往的报道中认为岩石对表面活性剂的吸附损失是泡沫驱油效率和驱油成本考虑的一个重要因素。因而泡沫驱油体系必须研究表面活性剂吸附损失对 IFT 和 FCI 的影响，如图 5-18 和表 5-26 所示。

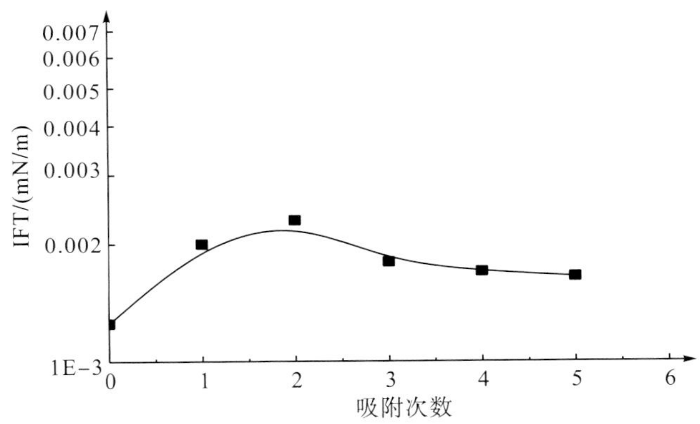

图 5-18　吸附次数对泡沫驱体系 IFT 的影响

经过 5 次油层砂吸附，界面张力 IFT 还保持在超低值范围内，表面活性剂很少吸附到油层砂表面，主要原因是油层砂和阴离子表面活性剂都具有负电荷，相互排斥，而加入的两性表面活性剂易形成内盐不带电荷，也不易吸附在岩石上。测试 5 次吸附后每次滤液的起泡性能，如表 5-26 所示。结果表明，5 次滤液的泡沫综合值有所降低，但下降不多，吸附 5 次后 FCI 保持率还高达 86.3%，可见表面活性剂较少吸附到油层砂表面。

表 5-26　吸附次数对泡沫驱综合指数的影响

吸附次数	1	2	3	4	5
V_0/mL	480	470	465	465	460
$t_{1/2}$/min	20	19	19	18	18
FCI/(mL·min)	7200	6698	6626	6277	6210

5.4　CO_2微泡沫驱油微观刻蚀模拟研究

5.4.1　微观刻蚀玻璃薄片的制备

1) 实验仪器

蔡司体视显微镜、采集电脑(含图像记录软件)、无掩膜光刻机、精密仪器、微观驱替模型及ISCO泵等驱替装置、玻璃片微观刻蚀装置。

2) 实验用品

抛光玻片、正性光刻胶、黏附底胶、去胶液、显影液、酸蚀液、去离子水、镊子、培养皿、蜡、试镜纸、原油等，不同尺寸大小的 CO_2 微泡沫(恒速搅拌发泡模型 4000r/min、6000r/min、8000r/min) 5 组。按照延长组岩样孔隙喉道微观图进行喉道结构设计。图 5-19(a) 片状喉道和图 5-19(b) 孔隙缩小喉道串联制作模型样本 A，如图 5-20 所示。图 5-19(c) 弯片状和图 5-19(d) 缩颈型喉道串联进行玻璃刻蚀制作模型样本 B，如图 5-21 所示。

进行光刻酸蚀等步骤后，获得目标玻片模型刻蚀图(图 5-22，图 5-23)，在微观可视化驱替装置上进行加压驱替，驱替时流体依次通过图中的可视化刻蚀玻璃模型，并在显微镜下观察水驱和 CO_2 微泡沫驱后剩余油的分布情况。

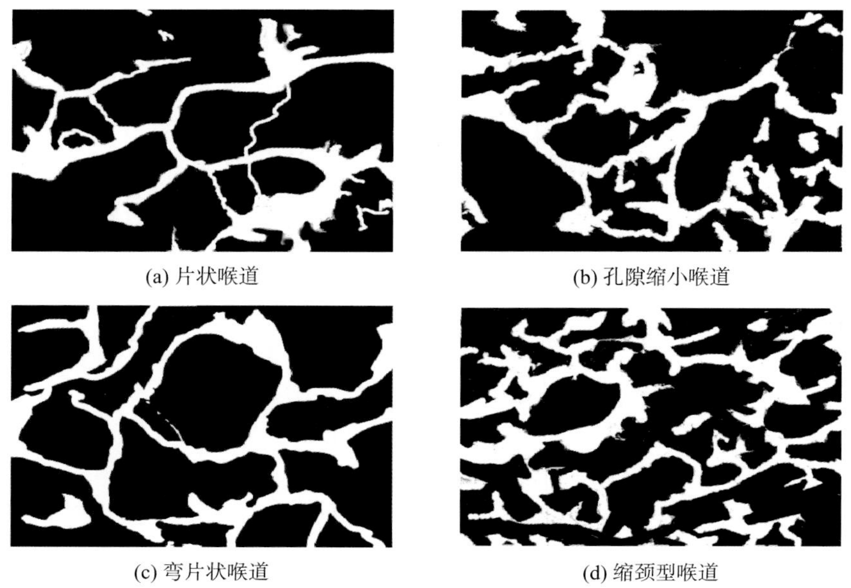

(a) 片状喉道　(b) 孔隙缩小喉道

(c) 弯片状喉道　(d) 缩颈型喉道

图 5-19　微观刻蚀喉道薄片设计

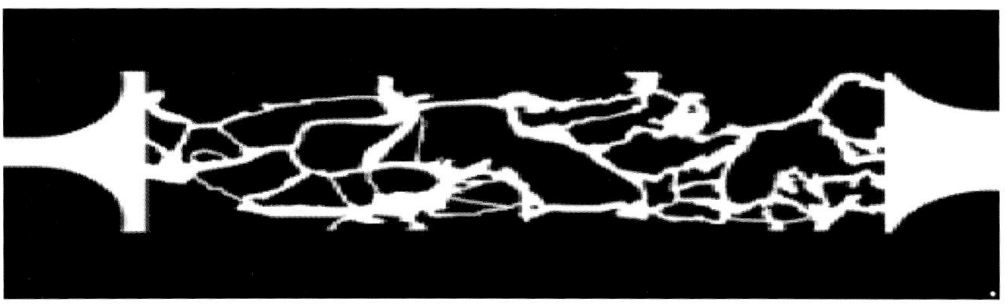

图 5-20　孔隙模型 A

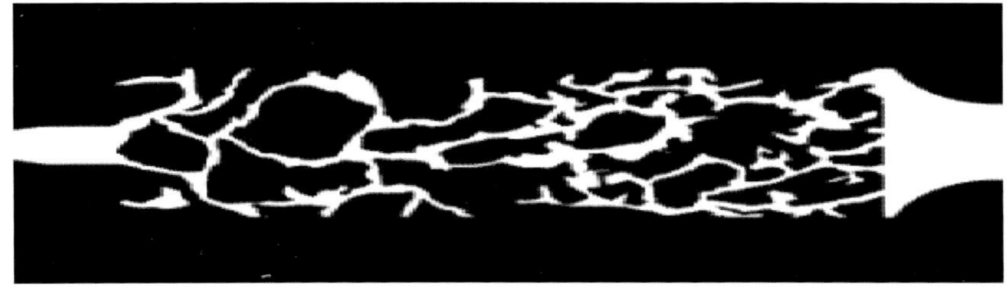

图 5-21　孔隙模型 B

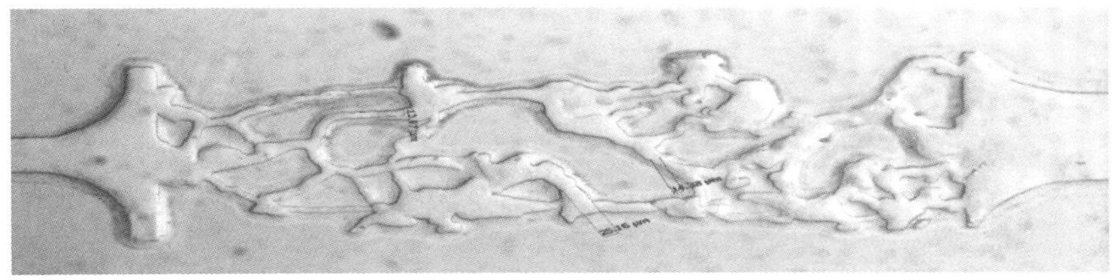

图 5-22　孔隙模型 A 刻蚀图(10～30μm，放大 100 倍)

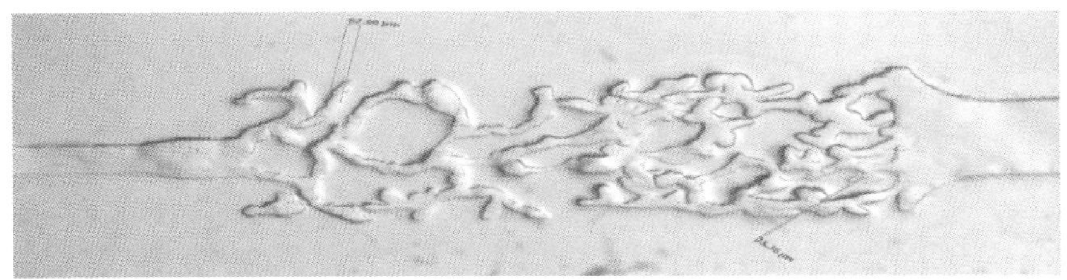

图 5-23　孔隙模型 B 刻蚀图(10～80μm，放大 60 倍)

5.4.2　CO_2 泡沫驱油实验过程

(1) 饱和水：水驱气，饱和水。

(2) 饱和油：油驱替原来饱和的水。

(3) 水驱油：以 0.001mL/min 的速度进行水驱，观察水驱过程中流动动态，模型中所观察到的油不再变化时停止实验(水驱结束)，观察剩余油分布状态。

(4) CO_2微泡沫驱：以 0.001mL/min 的速度进行 CO_2微泡沫驱，观察 CO_2微泡沫驱油过程中的渗流动态及剩余油变化情况，模型中所观察到的油不再变化时停止实验(微泡沫驱替结束)，观察残余油分布状态。

即实验总共进行 4 个阶段的驱替，分别为饱和水、饱和油、水驱油、CO_2微泡沫驱油过程(图 5-24)，主要是对水驱和泡沫驱两个过程进行观察，分析剩余油分布情况。

图 5-24　驱替实验流程

5.4.3　CO_2微泡沫驱油机理分析

1. 模型 A(片状+孔隙缩小型喉道) CO_2微泡沫驱油机理分析

1) 饱和水过程

为了便于实验观察和分析，将微观模型饱和地层水进行染色。将染色的地层水以 0.001mL/min 的速度注入微观模型中。所有驱替的方向均是从左到右。

2) 饱和油过程

以 0.001mL/min 的流速进行饱和油实验，饱和油完成后油水分布如图 5-25 所示。

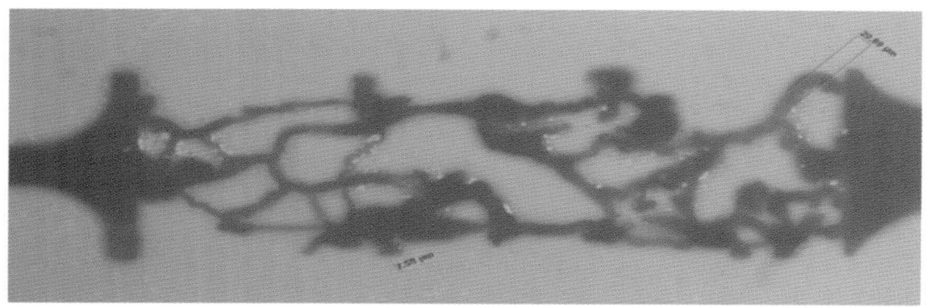

图 5-25　饱和油完成后原油分布图和尺寸标注

3) 水驱油过程

以流速 0.001mL/min 进行水驱油实验，观察孔隙中剩余油的分布情况，如图 5-26。

模型 A 喉道孔隙尺寸为 10～30μm，水驱完成后，大孔道的油绝大部分被驱出，小孔道的油未动用。剩余油主要分布在不连通和细微孔道中，形成盲端油、油丝和油柱，如图 5-26(a)和(b)所示。

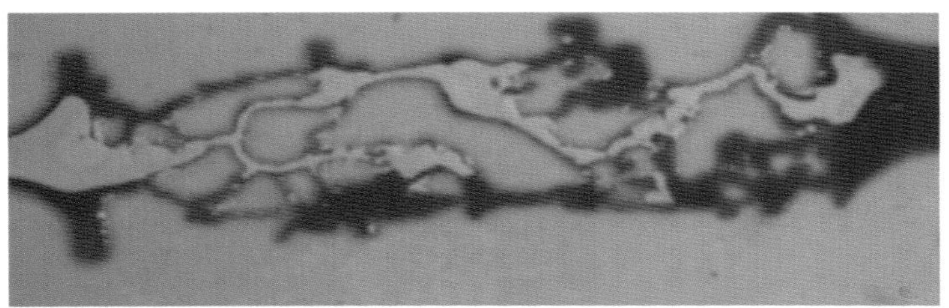

(a) 水驱油出口见水时的油水分布图

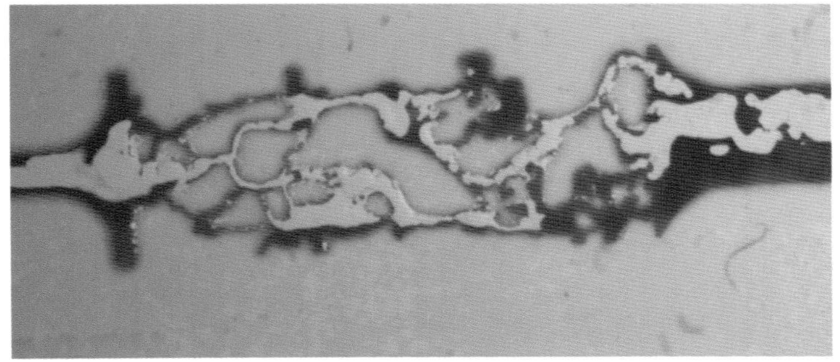

(b) 水驱油完成后的油水分布图

图 5-26　水驱油过程中剩余油分布图

4) CO_2 微泡沫驱油过程

以 0.001mL/min 的流速进行 CO_2 微泡沫驱油实验，孔隙中剩余油分布情况如图 5-27 所示。

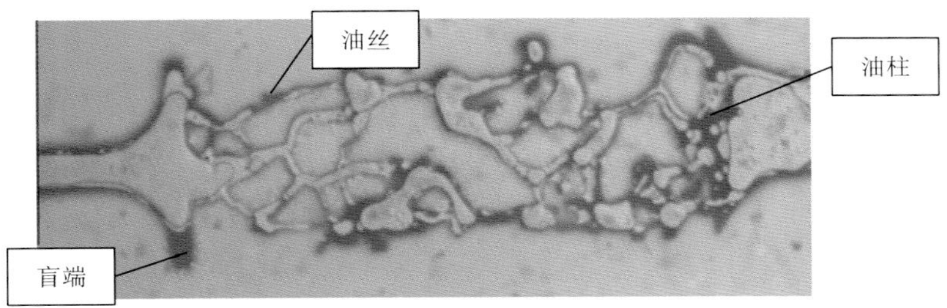

(a) CO_2 微泡沫驱油形成泡沫通过时的剩余油分布图

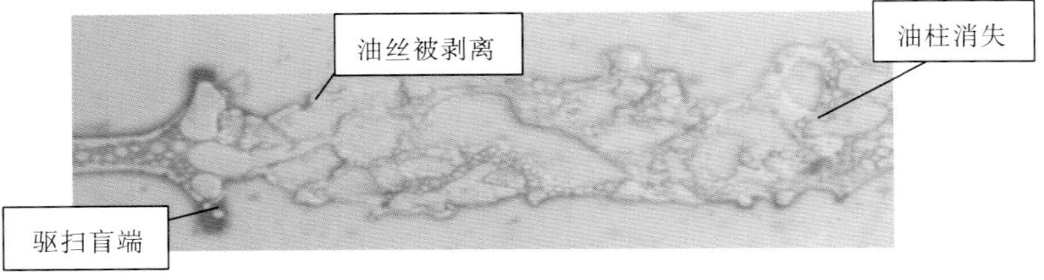

(b) CO_2 微泡沫驱油完成后形成的剩余油分布图(放大 30 倍)

图 5-27　CO_2 微泡沫驱油过程中剩余油分布图

CO_2 微泡沫尺寸更小，能进入更小的孔道或孔喉，CO_2 微泡沫顺利进入细微孔道，波及面积增加。主要通过黏弹性驱替作用，大孔道的剩余油全部被驱出，小孔道未动用的油和盲端油大部分被驱出，如图 5-27(a)和(b)所示。

2. 模型 B(弯片状+缩颈型喉道)CO_2微泡沫驱油机理分析

1)饱和水过程

为了便于实验观察和分析，将微观模型饱和地层水进行染色。将染色的地层水以 0.001mL/min 的速度注入微观模型中。

2)饱和油过程

以流速 0.001mL/min 进行饱和油实验，饱和油完成后的油水分布如图 5-28 所示。

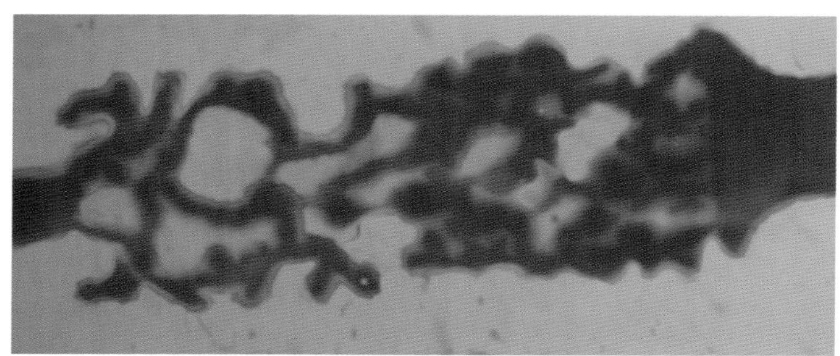

图 5-28　饱和油完成后的油水分布图

3)水驱油过程

以流速 0.001mL/min 进行水驱油实验，观察分析孔隙中剩余油分布如图 5-29。

模型 B 喉道孔隙尺寸为 10～80μm，较模型 A 的孔隙尺寸稍大，但是孔隙喉道间连通情况较差。水驱完成后大喉道孔隙的油基本被驱出，剩余油主要分布在不连通和细微孔道中，以及孔隙喉道表面，形成盲端油、油丝和油柱，如图 5-29(a)和(b)所示。

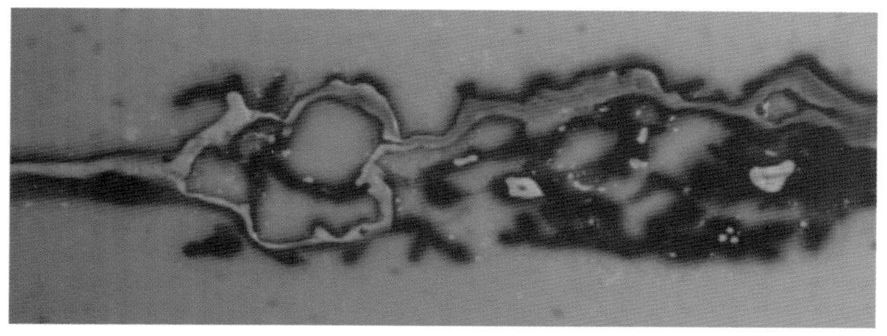

(a)水驱油出口见水时的油水分布图

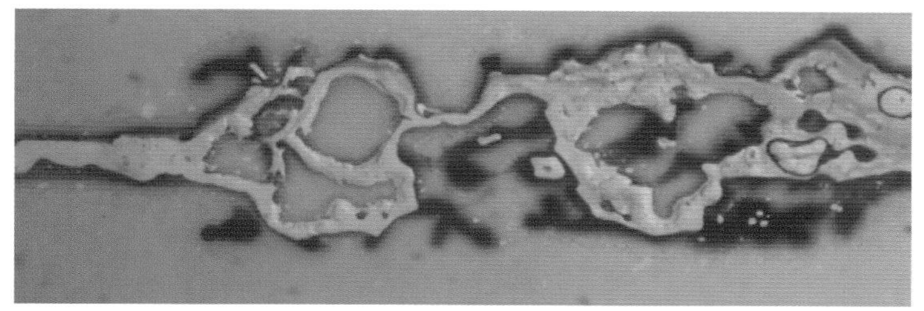

(b) 水驱油完成后形成的油水分布图

图 5-29　水驱油过程中剩余油分布图

4) CO_2 微泡沫驱油过程

以 0.001mL/min 的流速进行 CO_2 微泡沫驱油实验，实验结束后，观察分析孔隙中剩余油的分布情况如图 5-30。

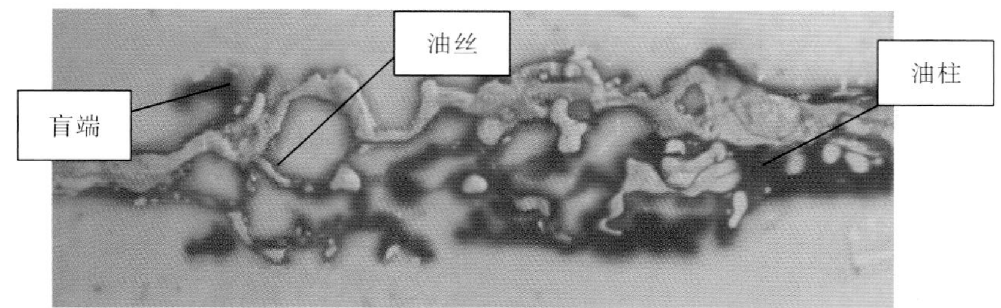

(a) CO_2 微泡沫驱油形成泡沫通道时的剩余油分布图

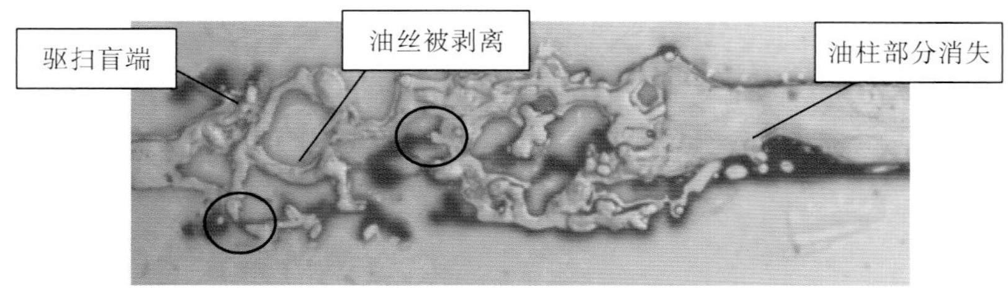

(b) CO_2 微泡沫驱油完成后形成的剩余油分布图

图 5-30　CO_2 微泡沫驱油过程中剩余油分布图

CO_2 微泡沫顺利进入细微孔道，通过黏弹性驱替作用进入细微喉道和孔隙。从微观驱替视频观察发现，CO_2 微泡沫首先进入高渗透的大孔隙喉道产生气阻效应，然后进入中低渗透小孔隙喉道，出现微观调剖作用。此时发现细微喉道未动用的油逐渐被驱出，出现部分残留和剩余盲端油，如图 5-30(a) 和 (b) 所示。

CO_2 微泡沫将孔隙表面部分油丝和油柱残留乳化，使得部分油滴被携带进入泡沫油流中形成泡沫包油型乳化液，形成的乳液流动阻力相对较低，大量的油丝和油柱开始启动，在压差的作用下携带油滴向压降方向运移。同时，油膜被剥离变薄，剥离下的油随泡沫流动，被驱出孔隙喉道。泡沫对驱扫盲端残余油呈现出很大的优势，但是此处由于孔隙喉道不连通情况太多、泡沫尺寸大小等原因，还是有部分的盲端油没有被驱替。比较饱和油、水驱油和CO_2微泡沫驱油的微观刻蚀模拟过程的结果表明：微泡沫尺寸几乎小于延长组低渗透储层的喉道直径，CO_2微泡沫体系能顺利通过细微喉道，与水驱油相比，增加了波及面积，提高了驱油效率。

5.5　CO_2微泡沫注入性实验

5.5.1　实验步骤

依据SY/T 6955—2013《注蒸汽泡沫提高石油采收率室内评价方法》和QSY 1816—2015《泡沫驱用起泡剂技术规范》，测试不同渗透率岩心微泡沫的注入性能，引入阻力系数和残余阻力系数评价微泡沫在多孔介质中的流动，实验仪器如图5-31所示。

图5-31　CO_2岩心夹持器

如图5-31可见，实验仪器包括专用CO_2岩心夹持器（直径2.5cm，长度30cm）、活塞容器（盛装地层水和起泡溶液，500mL）、环压自动跟踪泵、ISCO双缸恒速恒压泵、78-1磁力加热搅拌器、光学显微镜、压力表（0～4MPa，精度为0.02MPa）、电子天平、试管、100mL量筒、500mL烧杯等。

实验用品：起泡剂、稳泡剂、地层水、CO_2高压气瓶等。

1) 注入的配方体系

采用 CO_2 起泡体系最佳配方 0.50wt% UCAB+ 0.20wt% SDS，在气液比为 3:1 的条件下对同一岩样开展了 6 组不同流量注入性能实验。

2) 实验过程

(1) 配制起泡剂，配制好的溶液在 6000r/min 搅拌 60s 均匀起泡。

(2) 按照实验装置图连接实验仪器，CO_2 岩心夹持器左边接四通阀，分别接盛装泡沫的活塞容器 1、盛装地层水的活塞容器 2，再接专用 CO_2 岩心夹持器，右端接出口计量管，CO_2 岩心夹持器侧端连接环压自动跟踪泵。

(3) 活塞容器 1 和 2 的下端与 ISCO 双缸恒速恒压泵相连，通过双缸泵选择恒流和恒压模式进行驱替。

(4) 连接完成后，装填岩样到岩心夹持器，并用不锈钢堵头堵住夹持器未充填部分。

(5) 启动环压自动跟踪泵给岩心夹持器打围压 6MPa，与岩心驱替压差保持在 3MPa 以上，并扭开岩心夹持器上端排液口，排出岩心夹持器里面的空气。

(6) 根据岩心注入实验方案，开始水驱实验方案，启动 ISCO 双缸恒速恒压泵选择恒速模式，以一定驱替压力进行水驱，直到岩心夹持器出口端液体流量稳定，之后记录水驱岩心夹持器两端的驱替压差 P_1。

(7) 根据岩心注入实验方案，开始微泡沫驱替实验方案，启动 ISCO 双缸恒速恒压泵，选择恒速模式，调节双缸泵，确定 CO_2 微泡沫注入低渗透岩样中的注入速率，开始向岩心夹持器内泵入 CO_2 微泡沫。

(8) 设定不同的 CO_2 微泡沫注入速率，并记录此时微泡沫驱替岩心两端压差 P_2。

(9) 用小针管进行微泡沫取样，制作 CO_2 微泡沫薄片，收集微泡沫并用显微镜观察微泡沫的形态。

(10) 重复步骤(6)，再次进行水驱，直到岩心夹持器出口端无泡沫流出，液体流量稳定，记录岩心夹持器两端压差为 P_3。

3) 阻力系数与残余阻力系数的测定

阻力系数可以衡量深度泡沫相对流度大小，残余阻力系数则用来衡量泡沫永久性降低岩心渗透率的能力。稳定条件(压力和流速恒定)下，记录多孔介质两端的压差和流经多孔介质的流量来测定阻力系数与残余阻力系数。通常控制流速在较低范围内，这是因为泡沫在油藏深部前沿的流速比较小(大约为 0.3～1.0m/d)，可能产生降解。

(1) 阻力系数的测定。

地层水通过岩心的流度与泡沫通过岩心的流度之比定义为泡沫驱的阻力系

数（F_r）：

$$F_r = \frac{\lambda_W}{\lambda_{pG}} = \frac{(k/\mu)_W}{(k/\mu)_G} \tag{5-5}$$

式(5-5)中，地层水流度作为分子，分母则代表泡沫的流度。

(2)残余阻力系数。

由式(5-6)，残余阻力系数恰恰反映了泡沫降低孔隙介质渗透率的能力，其数值等于泡沫通过岩心前后用地层水所测得渗透率的比值。用F_{rr}表示整个岩心的残余阻力系数，则

$$F_{rr} = \frac{k_{wb}}{k_{wa}} = \frac{(Q\mu/\Delta P)_{wb}}{(Q\mu/\Delta P)_{wa}} \tag{5-6}$$

式中，k_{wb}代表泡沫通过多孔介质前的盐水渗透率(μm^2)；k_{wa}代表泡沫通过多孔介质后的盐水渗透率，即冲洗渗透率(μm^2)。

由式(5-6)可知，维持流量恒定，相同环境下测得的工作液注入前后的压差比值可以表示泡沫的残余阻力系数。

5.5.2　泡沫注入性实验分析

当ISCO双缸恒速恒压泵以0.5～3.0mL/min恒定流量注入泡沫时，注入6次出口端泡沫流量和形态如表5-27所示。实验发现起初岩心夹持器出口端没有泡沫流出，呈现气液两相流。但当ISCO双缸恒速恒压泵以1.5mL/min注入泡沫时，出现了少许泡沫。当ISCO双缸恒速恒压泵以2.0mL/min注入泡沫时，在低渗透岩心中产生微泡沫，观察得到稳定流速的微泡沫，并且泡沫均匀细腻，如图5-32所示。

实验表明，气液交替注入、气液同时注入和直接注入泡沫等不同的注入方式对CO_2泡沫封堵能力会产生较大影响。在上述实验过程中，直接注入时泡沫大小更均匀、阻力系数更大，没有其他注入方式在地层下发泡的过程，及早建立起剖面改变的能力，且注入过程不会产生较大压差，封堵效果也比较明显，所以，选择直接注入泡沫的方式。根据气液比3∶1，确定了注入泡沫速率为2.0mL/min，在低渗透岩心中产生均匀细腻微泡沫，如图5-33和图5-34所示。

表5-27　不同发泡剂注入速度对微泡沫形态的影响

编号	泡沫流量/(mL/min)	气液比	出口端泡沫形态
1	0.5	3∶1	有气体和液体流出，无泡沫
2	1.0	3∶1	有气体和液体流出，无泡沫
3	1.5	3∶1	少量泡沫，泡沫不太均匀
4	2.0	3∶1	泡沫细腻均匀，阻力系数9.3
5	2.5	3∶1	泡沫细腻均匀，阻力系数58
6	3.0	3∶1	泡沫细腻均匀，阻力系数84

图 5-32 CO_2 微泡沫驱替实验

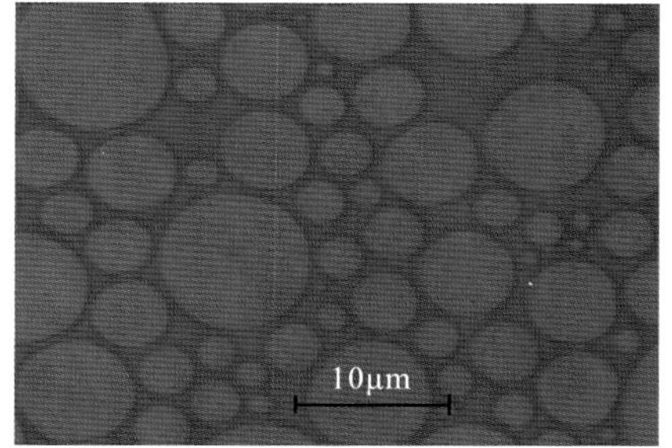

图 5-33 出口端 CO_2 微泡沫微观形态

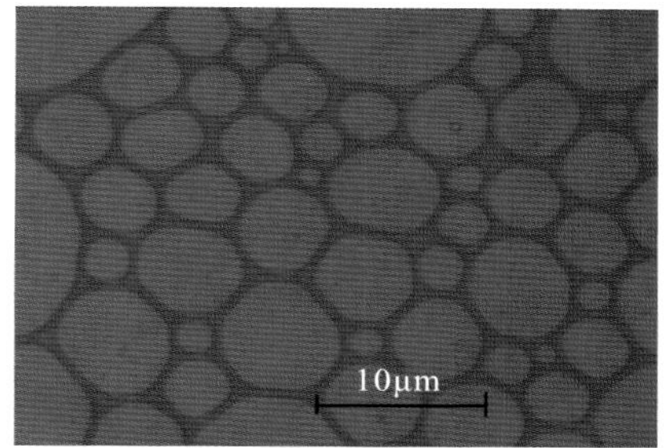

图 5-34 出口端 CO_2 微泡沫尺寸(放大 100 倍)

在注入速率比较低的情况下，泡沫在多孔介质中不断消灭和产生，但产生泡沫的能力低，注入过程中单位量上的泡沫不断减少，此时注入性好。当注入速率增大时，泡沫在多孔介质中产生的量大于消亡的量，封堵能力显著增强，剖面调整能力提高。但注入速率增加到某一个值时，阻力太大，阻力系数显著上升，注入能力下降。因此对于低渗渗透地层难注入的问题，推荐注入气液比为 3∶1 时，注入速率为 2.0mL/min 较适宜，此时阻力系数为 9.3 根据表 5-27，此值在预定设计阻力系数参数之内。实验岩心物性如表 5-28 所示。

表 5-28 低渗透岩心物性

岩心号	长/cm	直径/cm	孔隙度/%	孔隙体积/mL	渗透率 k_w/($\times10^{-3}\mu m^2$)
1	4.992	2.485	17.93	3.76	1.65
2	4.947	2.483	17.72	3.74	1.93
3	4.983	2.483	17.29	3.64	1.59
4	4.991	2.486	17.64	5.28	2.95
5	4.983	2.487	17.52	4.17	3.22
6	4.985	2.496	17.18	4.13	4.18
7	4.991	2.484	17.46	4.10	6.56
8	4.973	2.483	17.35	8.33	7.37
9	4.993	2.491	17.27	4.16	8.41
10	4.980	2.490	17.14	9.24	10.27

测定微泡沫在多孔介质岩样中的阻力系数和残余阻力系数。实验顺序是：岩心饱和水→测原始水测渗透率 k_w→CO_2 微泡沫驱时的渗透率 k_P→注水冲洗。阻力系数 F_r 和残余阻力系数 F_{rr} 实验结果如下表 5-29 所示。

表 5-29　CO_2 微泡沫注入性评价指标数据

岩样编号	渗透率 k/mD	阻力系数 F_r	残余阻力系数 F_{rr}
1	1.65	8.12	3.14
2	1.93	8.33	3.32
3	1.59	9.78	3.52
4	2.95	9.43	3.22
5	3.22	10.56	4.12
6	4.18	10.12	4.02
7	6.56	11.44	4.67
8	7.37	12.15	4.02
9	8.41	13.67	5.17
10	10.27	14.88	5.13

由表 5-29 可知，针对低渗透岩心进行 CO_2 微泡沫注入性的实验，结果表明 CO_2 微泡沫的阻力系数较适中，在预定的范围内，说明有封堵较高渗区的能力。而残余阻力系数较小，表示在多孔介质中的滞留相对较少。

此外，微泡沫在高渗透率多孔介质中的阻力系数高于在低渗透率多孔介质中的阻力系数。宏观上，低渗透率介质孔隙较小，流体会发生湍流等不规则流动，其视黏度较低，流动阻力较小；微观上，低渗透率介质中，单个气泡就可以同时覆盖多个孔隙，突破阻力减小。因而 CO_2 微泡沫在高渗透率多孔介质中流动阻力较高，这有利于泡沫封堵高渗启动低渗，提高泡沫波及效率。对于 CO_2 微泡沫在低渗透层位有较低阻力系数，有利于微泡沫有效注入。

5.6　CO_2 微泡沫驱油实验

5.6.1　实验过程

CO_2 微泡沫驱油实验主要研究 CO_2 微泡沫不同注入方式、不同注入速率、不同气液比下的驱油性能。

实验装置：高温高压黏度仪、HA-III 型高温高压油气水相渗测试仪、特制 CO_2 岩心夹持器(直径 2.5cm，长度 30cm)。

实验用品：最佳配方 0.50 wt%UCAB+0.20 wt%SDS、延长油田 J586 井场原油、地层水，CO_2 气瓶。

根据 SY/T 0520—2008《原油黏度测定　旋转黏度计平衡法》，运用高温高压黏度仪测试延长油田靖 586 井场原油黏度，45℃下测试原油黏度为 20.30mPa·s。

根据石油天然气行业标准 SY/T 5334—2006《岩心分析方法》和 QSY 1816—2015《泡沫驱用起泡剂技术规范》延长油田泡沫驱技术规范开展以下实验。

1) 实验准备工作

主要准备工作有：①岩心清洗、干燥；②地层水；③起泡液的配制；④原油去除杂质；⑤CO_2 气样；⑥实验温度设定为 45℃；⑦注入方式为直接注入泡沫、气-液交替注入、气-液同时注入。

2) 主要步骤

(1) 在 0.1mL/min 流速下，采用地层水饱和岩心，记录岩心两端压差。

(2) 用原油驱替饱和地层水，驱替速度由 0.1mL/min 逐渐提升到 0.5mL/min，直到驱替不出水为止，计算出水量和含油饱和度，得到束缚水状态下的含油岩样。

(3) 在 0.5mL/min 流速下，用地层水驱替原油，直到没有原油被驱出为止，计算水驱采收率和残余油饱和度。

(4) 在水驱油后再分别以直接注入泡沫、同时注气液、泡沫液/气交替注入三种方式驱替，直到驱替不出原油为止，分别计算出三种驱替方式下的驱油效率。

5.6.2　驱油分析

为了评价相近渗透率的岩样在不同注入方式下的驱油效果，制备了 9 块物性相近的标准岩样。根据 SY/T 5334—2006《岩心分析方法》，测定低渗透岩心物性参数如表 5-30 所示。依次按岩心编号对每三块标准岩样进行串联，组成三块渗透率相近的长岩心，其渗透率和含油饱和度如表 5-31 所示。

表 5-30　低渗岩心物性

实验编号	岩心编号	长/cm	直径/cm	孔隙度/%	孔隙体积/mL
	1	4.985	2.496	16.24	3.96
A	2	4.990	2.491	15.68	3.94
	3	4.948	2.485	16.02	3.87
	4	4.988	2.482	16.45	3.97
B	5	4.986	2.465	16.03	3.84
	6	4.983	2.484	15.84	3.72
	7	4.987	2.481	17.51	4.20
C	8	4.495	2.483	17.31	3.95
	9	4.994	2.485	17.76	4.15

表 5-31　基本参数和实验结果

实验编号	k_w/(×10^{-3}μm^2)	含油饱和度/(wt%)	注入速率/(mL/min)	注入体积/PV
A	3.74	44.4	0.5	0.5
B	3.57	42.5	0.5	0.5
C	3.68	45.7	0.5	0.5

在地层温度和压力下，分别对这三块长岩心进行直接注入CO_2微泡沫、同时注气液、泡沫液/气交替注入以确定最佳注入方式。

泡沫注入模式是泡沫驱的一个重要因素。先用地层水充分饱和岩心，再用原油饱和岩心，建立原始含油饱和度，再用地层水驱，建立束缚水饱和度。整个驱替过程的注入速率为 0.5mL/min。再分别针对上述三块岩心采用以下三种注入模式：直接注入 0.5PV CO_2微泡沫液(采用了恒速搅拌泡沫发生器)、同时注入 0.375PV 气和 0.125PV 起泡剂溶液、水气交替注入(0.0625PV 起泡剂溶液+0.1875PV 气+0.0625PV 起泡剂溶液+0.1875PV 气)0.5PV。实验结果如表 5-32 所示。

实验结果表明：水驱后，直接注入泡沫提高采收率为 25.8%，同时注入气液提高采收率为 23.4%，泡沫液与气交替驱提高采收率为 20.2%。如表 5-32 所示，直接注入泡沫提高采收率最高，同时注入气液方式次之，交替注入方式最低。

表 5-32　CO_2微泡沫驱注入模式对驱油效率的影响

实验编号	泡沫注入模式	注入段塞/PV	水驱效率/(wt%)	水驱后微泡沫驱油效率/(wt%)
A	直接注入泡沫	0.5PV 泡沫	38.6	25.8
B	同时注气液	0.375PV 气和 0.125PV 起泡剂溶液	40.8	23.4
C	泡沫液、气交替注入	0.0625PV 起泡剂溶液 +0.1875 PV 气 +0.0625PV 起泡剂溶液+0.1875PV 气	39.2	20.2

注：水驱效率(wt%)=(水驱油的重量/饱和油的重量)×100%；泡沫驱油效率(wt%)=(泡沫驱驱出的油重量/饱和油的重量)×100%。

5.7　CO_2微泡沫驱技术应用

CO_2微泡沫驱技术在延长油田某油区进行了现场应用。注气区域井位图如图 5-35 所示。

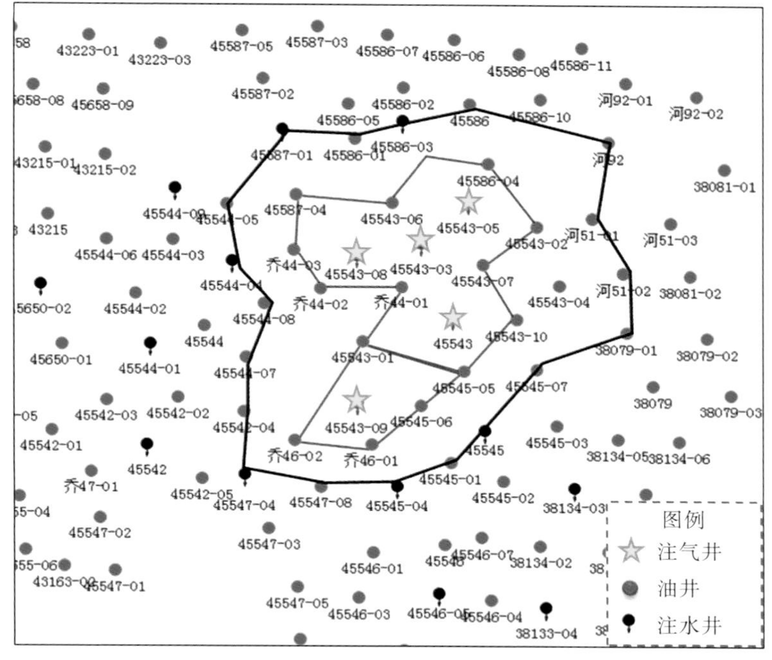

图 5-35　CO_2 微泡沫驱实施区域井位分布图

1) 区域概况

该 CO_2 试验区域位置位于延安市靖边县，主力生产层位为三叠系延长组长 $6^{2\text{-}1}$ 油层，平均孔隙度 8.18%，平均渗透率 $1.22\times10^{-3}\mu m^2$，属低孔、特低渗透储层。

2) 注入历程、注入规模、不同阶段油井受控井情况

2012 年 9 月 5 日～2014 年 6 月 6 日，J45543-03 井、J45543 井、J45543-05 井、J45543-08、J45543-09 五口油井先后注入液体 CO_2，初期平均日注压力 2.5MPa，平均单井日注 CO_2 量 12 吨。2017 年 6 月，注气区域有 7 口受益井出现了不同程度的气窜问题，2017 年 12 月，开始实施 CO_2 微泡沫注入，平均单井日注入量 $8m^3$。截至 2018 年 6 月底，累积注入 CO_2 微泡沫 $7200m^3$。

3) 驱油效果分析

经过 6 个月 CO_2 微泡沫的注入，注入井的平均注入压力有了一定的升高，平均升高 1.5MPa，起到较好的调剖效果，如图 5-36；7 口气窜井的气窜量有了不同程度的减少，减少量最大达 80%；增油降水效果明显，平均单井产量增加幅度 77.78%，平均含水率下降幅度达到 20%，如图 5-37 所示。

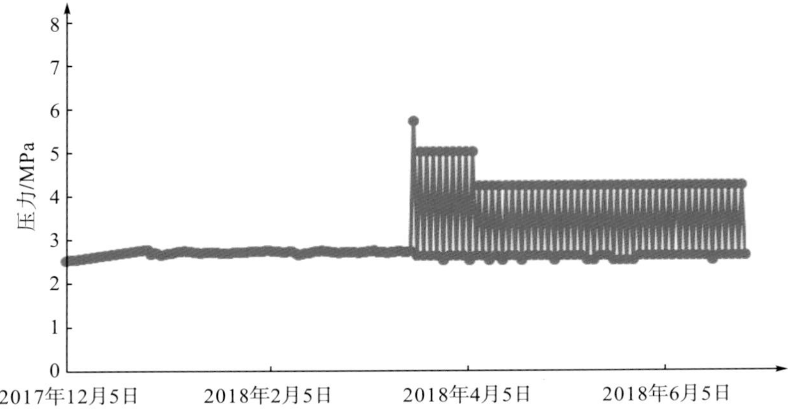

图 5-36　CO_2微泡沫驱调驱过程中压力随时间的变化曲线

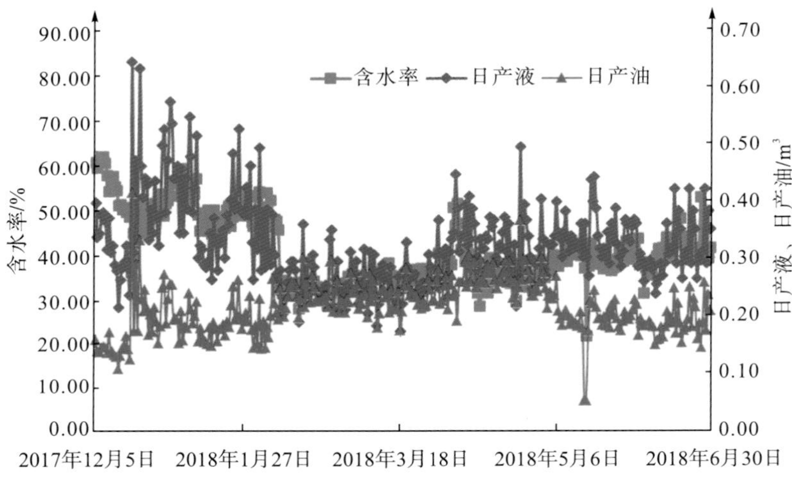

图 5-37　CO_2微泡沫驱平均单井增产效果图

5.8　本 章 小 结

(1)针对延长组低渗透油藏注水见效缓慢，裂缝发育区油井水窜和水淹严重，开展了CO_2起泡剂筛选、CO_2起泡剂性能评价以及泡沫体系影响因素研究，筛选出适合延长组油藏的抗温抗盐性 CO_2 起泡剂最佳配方(0.50wt% UCAB+0.20wt% SDS)。该泡沫剂自组装形成初级蠕虫状胶束，起到自增稠自稳定的作用，具有良好的黏弹性，油藏条件下泡沫综合指数可达 7410mL·min。

(2)开发了一套 CO_2 微泡沫动态驱油微观刻蚀模拟系统，模拟了不同孔喉结构的物理模型在不同搅拌速率条件下微泡沫驱油过程。结果表明，CO_2 微泡沫将孔隙表面残留油丝和油柱乳化，使得油滴被携带进入泡沫油流中形成泡沫包油型乳化液，大量的油丝和油柱开始启动，在压差的作用下携带油滴向压降方向运移。同时，油膜被剥离变薄，剥离下的油膜随泡沫流动，被驱出孔隙喉道。

(3) 开展了 CO_2 微泡沫注入性和驱油实验，优化出最佳的注入泡沫速度为 2.0mL/min，阻力系数为 8.14～14.88，有利于低渗油藏泡沫注入。CO_2 微泡沫能进入小孔隙喉道，增加波及体积，优选出最佳注入方式为直接注入微泡沫驱油，其驱油效率在水驱基础上可提高 25.8%。在延长组低渗透油藏某区块现场应用效果良好。

参 考 文 献

[1] 邸世祥, 等. 中国碎屑岩储集层的孔隙结构[M]. 西安: 西北大学出版社, 1991.

[2] 孙黎娟. 砂岩孔隙空间结构特征研究的新方法[J]. 大庆石油地质与开发, 2002, 21(1): 29-31.

[3] 贺伟钟, 孚勋, 贺承祖, 等. 储层岩石孔隙的分形结构研究和应用[J]. 天然气工业, 2000, 20(2): 67-71.

[4] Paola R, Andrea O, Omella B, et al. Depositional setting and diagenetic processes and their impact on the reservoir quality in the late Visean-Bashkirian Kashagan carbonate platform (Pre-Caspian Basin, Kazakhstan) [J]. AAPG Bulletin, 2010, 94(9): 1313-1348.

[5] Gao S S, Ye L Y, Xiong W, et al. Nuclear magnetic resonance measurements of original water saturation and mobile water saturation in low permeability sandstone gas[J]. Chinese Physics Letters, 2010, 27(12): 217-218.

[6] Khidir A, Catuneanu O. Reservoir characterization of Scollard-age fluvial sandstones, Alberta foredeep [J]. Marine and Petroleum Geology, 2010, 27(9): 2037- 2050.

[7] Zahid K M, Barbeau D L. Constructing sandstone provenance and classification ternary diagram using an electronic spreadsheet [J]. Journal of Sedimentary Research, 2011, 81(9): 702-707.

[8] Wang Y F, Xu H M, Yu W Z, et al. Surfactant induced reservoir wettability alteration: Recent theoretical and experimental advances in enhanced oil recovery[J] . Petroleum Science, 2011, 8(4): 463-476.

[9] Camp W K. Pore-throat sizes in sandstones, tight sandstones, and shales: Discussion[J]. AAPG Bulletin, 2011, 95(8): 1443-1447.

[10] Cook J E, Goodwin L B, Boutt D F. Systematic diagenetic changes in the grain-scale morphology and permeability of a quartz-cemented quartz arenite[J]. AAPG Bulletin, 2011, 95(6): 1067-1088.

[11] Slatt R M, O' Brien N R. Pore types in the Barnett and Woodford gas shales: Contribution to understanding gas storage and migration pathways in fine-grained rocks [J]. AAPG Bulletin, 2011, 95(12): 2017-2030.

[12] Teige G M G, Hermanrud C, Thomas W H, et al. Capillary resistance and trapping of hydrocarbons: A laboratory experiment [J]. Petroleum Geoscience, 2005, 11(2): 124-129.

[13] Walderhaug O, Bjorkum P A, Aase N E. Kaolin-coating of stylolites, effect on quartz cementation and general implications for dissolution at mineral interfaces[J]. Journal of Sedimentary Research, 2006, 76(1-2): 234-243.

[14] 毛志强, 高楚桥. 孔隙结构与含油岩石电阻率性质理论模拟研究[J]. 石油勘探与开发, 2000, 27(2): 87-93.

[15] 张龙海, 周灿灿, 刘国强, 等. 孔隙结构对低孔低渗储集层电性及测井解释评价的影响[J]. 石油勘探与开发, 2006, 33(6): 671-677.

[16] 潘高峰, 刘震, 赵舒, 等. 砂岩孔隙度演化定量模拟方法——以鄂尔多斯盆地镇泾地区延长组为例[J]. 石油学报, 2011, 32(2): 249-256.

[17] 李琴. 相对渗透率法评定储集层岩石表面润湿性[J]. 石油实验地质, 1996, 18(4): 454-458.

[18] 刘林玉, 陈刚, 柳益群, 等. 碎屑岩储集层溶蚀型次生孔隙发育的影响因素分析[J]. 沉积学报, 1998, 16(2):

97-101.

[19] 贺承祖, 华明琪. 储层孔隙结构的分形几何描述[J]. 石油与天然气地质, 1998, 19(1): 14-23.

[20] 罗孝俊, 杨卫东, 李荣西, 等. pH 值对长石溶解度及次生孔隙发育的影响[J]. 矿物岩石地球化学通报, 2001, 20(2): 103-107.

[21] 罗孝俊, 杨卫东. 有机酸对长石溶解度影响的热力学研究[J]. 矿物学报, 2001, 21(2): 183-189.

[22] 程晓玲. 溱潼凹陷北坡阜三段碎屑岩储层特征[J]. 江苏地质, 2003, 27(2): 87-91.

[23] 江兴福. 川东地区三叠系飞仙关组勘探目标评价[D]. 成都: 西南石油大学, 2003.

[24] 孟元林, 王志国, 杨俊生, 等. 成岩作用过程综合模拟及其应用[J]. 石油实验地质, 2003, 25(2): 211-215.

[25] 孙卫, 史成恩, 赵惊蛰, 等. X-CT 扫描成像技术在特低渗透储层微观孔隙结构及渗流机理研究中的应用——以西峰油田庄 19 井区长 82 储层为例[J]. 地质学报, 2006, 80(5): 775-779.

[26] 孙卫, 曲志浩, 刘林玉, 等. 三间房组油藏沉积旋回及对注水开发的影响[J]. 西北大学学报(自然科学版), 1998, 28(4): 321-325.

[27] 王瑞飞, 陈明强, 孙卫. 鄂尔多斯盆地延长组超低渗透砂岩储层微观孔隙结构特征研究[J]. 地质论评, 2008, 54(2): 270-278.

[28] 万文胜, 杜军社, 佟国彰, 等. 用毛细管压力曲线确定储集层孔隙喉道半径下限[J]. 新疆石油地质, 2006, 27(1): 104-106.

[29] Makowitz A, Milliken K L. Quantification of brittle deformation in burial compaction, frio and mount Simon formation sandstones[J]. Journal of Sediment Research, 2003, 73(6): 1007-1021.

[30] Berger A, Gier S, Krois P. Porosity-preserving chlorite cements in shallow-marine volcaniclastic sandstones: evidence from cretaceous sandstones of the sawan gas field, Pakistan[J]. AAPG Bulletin, 2009, 93(5): 595-615.

[31] Nelson P H. Pore-throat sizes in sandstones, tight sandstones, and shales [J]. AAPG Bulletin, 2009, 93(3): 329- 340.

[32] Schmid S, Worden R H, Fisher Q J. Diagenesis and reservoir quality of the Sherwood Sandstone (Triassic), Corrib Field, Slyne Basin, west of Ireland [J]. Marine and Petroleum Geology, 2004, 21(3): 299-315.

[33] 王金勋, 杨普华, 刘庆杰, 等. 应用恒速压汞实验数据计算相对渗透率曲线[J]. 石油大学学报(自然科学版), 2003, 27(4): 65-69.

[34] 沈平平. 油水在多孔介质中的运动理论和实践[M]. 北京: 石油工业出版社, 2000.

[35] 王为民, 郭和坤, 叶朝辉. 利用核磁共振可动流体评价低渗透油田开发潜力[J]. 石油学报, 2001, 22(6): 40-44.

[36] 王琪, 史基安, 薛莲花, 等. 碎屑储集岩成岩演化过程中流体——岩石相互作用特征: 以塔里木盆地西南拗陷地区为例[J]. 沉积学报, 1999, 17(4): 87-93.

[37] 罗明高, 黄健全, 唐洪. 油气在储层孔喉中的微观运移机理探讨[J]. 沉积学报, 1999, 17(2): 269-272.

[38] 罗蛰潭, 王允诚. 油气储集层的孔隙结构[M]. 北京: 科学出版社, 1986.

[39] 王瑞飞, 沈平平, 宋子齐, 等. 特低渗透砂岩油藏储层微观孔喉特征[J]. 石油学报, 2009, 30(4): 560-563.

[40] 李存贵, 徐守余. 长期注水开发油藏的孔隙结构变化规律[J]. 石油勘探与开发, 2003, 30(2): 94-96.

[41] 蔡忠. 储集层孔隙结构与驱油效率关系研究[J]. 石油勘探与开发, 2000, 27(6): 44-46.

[42] 邸世祥. 中国碎屑岩储集层的孔隙结构[M]. 西安: 西北大学出版社, 1991.

[43] 邸世祥. 碎屑岩储集层的孔隙结构及其成因与对油气运移的控制作用[M]. 西安: 西北大学出版社, 1991.

[44] 胡作维, 李云, 黄思静, 等. 砂岩储层中原生孔隙的破坏与保存机制研究进展[J]. 地球科学进展, 2012, 27(1): 14-25.

[45] Button S P. Calcite cement in Permian deep-water sandstones, Delaware Basin, west Texas: Origin, distribution, and effect on reservoir properties[J]. AAPG Bulletin, 2008, 92 (6): 765-787.

[46] Eichhubl P, Davatz N C, Becker S P. Structural and diagenetic control of fluid migration and cementation along the Moab fault, Utah[J]. AAPG Bulletin, 2009, 93(5): 653-681.

[47] Gao C, Wang Z L, Deng J, et al. Physical property and origin of lowly permeable sandstone reservoir in Chang 2 division, Zhang-Han oilfield, Ordos Basin[J]. Energy Exploration & Exploitation, 2009, 27(5): 367-389.

[48] Franks S G, Zwingmann H. Origin and timing of late diagenetic illite in the Permian-Carboniferous Unayzah sandstone reservoirs of Saudi Arabia[J]. AAPG Bulletin, 2010, 94(8): 1133-1159.

[49] Ajdukiewicz J M, Lander R H. Sandstone reservoir quality prediction: The state of the art [J]. AAPG Bulletin, 2010, 94(8): 1083-1091.

[50] Hammera E, Mrk M B E, Nss A. Facies controls on the distribution of diagenesis and compaction in fluvial-deltaic deposits[J]. Marine and Petroleum Geology, 2010, 27(8): 1737-1751.

[51] 张莉. 陕甘宁盆地储层裂缝特征及形成的构造应力场分析[J]. 地质科技情报, 2003, 22(3): 21-24.

[52] 苏玉亮, 慕立俊, 范文敏, 等. 特低渗透油藏油井压裂裂缝参数优化[J]. 石油钻探技术, 2011, 39(6): 69-72.

[53] 吴太平, 李生莉, 丘勇. 国内外低渗油气藏压裂技术现状及发展趋势[J]. 河南石油, 2003, 17(6): 42-45.

[54] 周新桂, 邓宏文. 储层构造裂缝定量预测研究及评价方法[J]. 地球学报, 2003, 24(2): 175-180.

[55] 曾联波. 低渗透砂岩储层裂缝的形成与分布[M]. 北京: 科学出版社, 2008.

[56] 曾联波, 李忠兴, 史成恩, 等. 鄂尔多斯盆地上三叠统延长组特低渗透砂岩储层裂缝特征及成因[J]. 地质学报, 2007, 81(2): 174-178.

[57] 周新桂, 操成杰, 袁嘉音. 储层构造裂缝定量预测与油气渗流规律研究现状和进展[J]. 地球科学进展, 2003, 18(3): 398-404.

[58] 童亨茂. 储层裂缝描述与预测研究进展[J]. 新疆石油学院学报, 2004, 14(2): 9-13.

[59] 黄延章. 低渗透油层渗流机理[M]. 北京: 石油工业出版社, 1999.

[60] 姜瑞忠, 杨仁锋. 低渗透油藏非线性渗流理论与数值模拟技术[M]. 北京: 石油工业出版社, 2010.

[61] 邓英尔, 刘慈群. 低渗油藏非线性渗流规律数学模型及其应用[J]. 石油学报, 2001, 22(4): 72–77.

[62] 李松泉, 唐曾熊. 低渗透油田开发的合理井网[J]. 石油学报, 1998, 19(3): 64-67.

[63] 宋付权, 刘慈群. 低渗透油藏水驱采收率影响因素分析[J]. 大庆石油地质与开发, 2000, 19(1): 30-32.

[64] 蔡田田. 低渗透油藏体积压裂数值模拟研究[D]. 大庆: 东北石油大学, 2013.

[65] Bernabe Y. The effective pressure law for permeability in Chelmsford granite and Barre granite [J]. International Journal of Rock Mechanics and Mining Sciences, 1986, 23(3): 267–275.

[66] Li S J, Wang Z H, Sun Y X, et al. Stress Sensitivity of Low-Permeability Sandstone Reservoir [J]. Advanced Materials Research, 2013, 753–755: 686–689.

[67] Hansbo S. Consolidation of clay, the special reference to influence of vertical sand drains[J]. Swedish Geotech Inst Proc, 1960, 73(3): 148–159.

[68] Mitchell J. K. 岩土工程土性分析原理 [M]. 高国瑞等译. 南京: 南京工学院出版社, 1988.

[69] Miller R J, Low P F. Threshold gradient for water flow in clay systems [J]. Soil Sciencep Society of America, 1963, 27(6): 605-609.

[70] 中国“八五”科技成果. 低渗透油层多相渗流机理[M]. 北京: 科学出版社, 1996.

[71] 闫庆来, 何秋轩, 尉立岗, 等. 低渗透油层中单相液体渗流特征的实验研究[J]. 西南石油大学学报, 1990, 5(2): 1-6.

[72] 陈永敏, 周娟, 刘文香, 等. 低速非达西渗流现象的实验论证[J]. 重庆大学学报, 2000, 23(1): 59-61.

[73] 王秀艳, 刘长礼. 对粘性土孔隙水渗流规律本质的新认识[J]. 地球学报, 2003, 24(1): 91-95.

[74] 王慧明, 王恩志, 韩小妹, 等. 低渗透岩体饱和渗流研究进展[J]. 水科学进展, 2003, 14(2): 242-248.

[75] 刘建军, 刘先贵, 胡雅衽. 低渗透岩石非线性渗流规律研究[J]. 岩石力学与工程学报, 2003, 22(4): 555-561.

[76] 李中锋, 何顺利, 门成全. 低渗透油田非达西渗流规律研究[J]. 油气井测试, 2005, 14(3): 14-17.

[77] 王道成, 李闽, 陈浩, 等. 低速非达西流临界雷诺数实验研究[J]. 新疆石油地质, 2006, 27(3): 332-333.

[78] 阮敏, 何秋轩. 低渗透非达西流临界点及临界参数判别法[J]. 西安石油学院学报, 1999, 21(1): 21-24.

[79] Zou J P, Chen W Z, Yang D S, et al. The impact of effective stress and gas slippage on coal permeability under cyclic loading [J]. Nat. Gas Sci. Eng., 2016, 31(2): 236–248.

[80] Pang Y, Soliman M Y, Deng H, et al. Analysis of effective porosity and effective permeability in shale-gas reservoirs with consideration of gas adsorption and stress effects [J]. SPE, 2017, 22(6): 1739-1759.

[81] Cao P, Liu J S, Leong Y K. Combined impact of flow regimes and effective stress on the evolution of shale apparent permeability [J]. Unconventional Oil Gas Resource, 2016, 14(1): 32-43.

[82] Cao B Y, Sun J, Chen M, et al. Molecular momentum transport at fluid-solid interfaces in MEMS/NEMS: a review [J]. International Journal of Molecular Sciences, 2009, 10(11), 4638-4706.

[83] Civan F. Effective correlation of apparent gas permeability in tight porous media[J]. Transport in Porous Media, 2010, 82(2): 375-384.

[84] Javadpour F. Nanopores and apparent permeability of gas flow in mudrocks (shales and siltstone) [J]. Journal of Canadian Petroleum Technology, 2009, 48(8): 16-21.

[85] Ihara T, Kikura H, Takeda Y. Ultrasonic velocity profiler for very low velocity field [J]. Flow Meas and Instrum, 2013, 34(4): 127-133.

[86] 姜瑞忠, 李林凯, 徐建春, 等. 低渗透油藏非线性渗流新模型及试井分析[J]. 石油学报, 2012, 33(2): 264-268.

[87] Thorne M S, Garnero E J, Jahnke G, et al. Mega ultra low velocity zone and mantle flow [J]. Earth Planet. Sci. Lett, 2013, 364(4): 59-67.

[88] Osán T M, Ollé J M, carpinella M, et al. Fast measurements of average flow velocity by Low-Field ^{1}H NMR [J]. Journal of Magnetic Resonance, 2011, 209(2): 116-122.

[89] 程时清, 徐论勋, 张德超. 低速非达西渗流试井典型曲线拟合法[J]. 石油勘探与开发, 1996, 23(4): 50-53.

[90] 郑春峰, 程时清, 李冬瑶. 低渗透油藏通用非达西渗流模型及压力曲线特征[J]. 大庆石油地质与开发, 2009, 28(4): 60-63.

[91] 程时清, 张盛宗, 黄延章, 等. 低速非达西渗流动边界问题的积分解[J]. 力学与实践, 2002, 24(3): 15-17.

[92] 阮敏，何秋轩. 低渗透非达西渗流临界点及临界参数判别法[J]. 西安石油学院学报, 1999, 14(3): 16-17.

[93] 阮敏，王连刚. 低渗透油田开发与压敏效应[J]. 石油学报, 2002, 23(3): 73-76.

[94] 姚约东，葛家理. 石油非达西渗流的新模式[J]. 石油钻采工艺, 2003, 25(5): 40-42.

[95] 吴景春，袁满，张继成，等. 大庆东部低渗透油藏单相流体低速非达西渗流特征[J]. 大庆石油学院学报，1999, 23(2): 82-84.

[96] 马尔哈辛. 油层物理化学机理[M]. 李殿文译. 北京：石油工业出版社, 1987.

[97] Pascal F, Pascal H, Murray D W. Consolidation with threshold gradients[J]. International Journal for Numerical and Analytical Methods in Geomechanics 1980, 5(3): 247-261.

[98] 刘慈群. 有起始比降固结问题的近似解[J]. 岩土工程学报, 1982, 4(3): 107-109.

[99] Bear J, Zaslavsky D, Irmay S. Physical Principle of Water Percolation and Seepage[M]. Paris: UNESCO, 1968.

[100] 闫庆来.单相均质液体低速渗流机理及流动规律[C]. 第二届全国渗流力学会议论文，北京：科学出版社，1983.

[101] 贾振岐，吴景春，袁满，等.大庆东部低渗透油藏单相流体低速非达西渗流特征[J].大庆石油学院学报，1999, 23(2): 82-84.

[102] Miller R J, Low P F. Threshold gradient for water flow in clay systems [J]. Soil Science Society of America Journal, 1963, 27(6): 605-609.

[103] Prada A, Civan F. Modification of Darcy' s law for the threshold pressure gradient [J]. Journal of Petroleum Science and Engineering, 1999, 22(4): 237-240.

[104] Wang X, Sheng J J. Effect of low-velocity non-Darcy flow on well production performance in shale and tight oil reservoirs [J]. Fuel, 2017, 190: 41-46.

[105] Houben G J, Wachenhausen J, Guevara Morel C R. Effects of ageing on the hydraulics of water wells and the influence of non-Darcy flow [J]. Hydrogeology Journal, 2018, 26(4): 1285-1294.

[106] David C, Wong T F, Zhu W L, et al. Laboratory Measurement of compaction-induced permeability change in porous rocks-implications for the generation and maintenance of pore pressure excess in the crust[J]. Pure and Applied Geophysics, 1994, 143(1-3): 425-456.

[107] Fatt I, Davis D H. Reduction in Permeability with Overburden Pressure[M]. Petroleum Transactions, AIME, vol189. Texas: Society of Petroleum Engineers, 1952, 195(1): 329.

[108] Fatt I. Pore volume compressibilities of sandstone reservoirs rocks [J]. Journal of Petroleum Technology, 1958, 10(3): 64-66.

[109] McLatchie A S. The effective compressibility of reservoir rock and its effects on permeability[J]. Journal of Petroleum Technology, 1958, 10(6): 49-51.

[110] Terzaghi K. Theoretical Soil Mechanics[M]. New York: John Wiley & Sons Inc, 1943.

[111] Walls J D, Nur A M, Bourbie T. Effects of pressure and partial water saturation on gas permeability in tight sands : experimental results[J]. Journal of Petroleum Technology, 1964, 34(4): 930-936.

[112] Finol A. Numerical simulation of oil production with simultaneous ground subsidence[J] SPE Journal, 1975, 15(05): 411-424.

[113] 葛家理. 油气层渗流力学[M]. 北京: 石油工业出版社, 1982.

[114] 雷红光, 方义生, 朱中谦. 上覆岩层应力下储层物性参数的整理方法[J]. 新疆石油地质, 1995, 6(2): 165-169.

[115] 李闽, 肖文联. 低渗砂岩储层渗透率有效应力定律实验研究[J]. 岩土力学与工程学报, 2008, 27(2): 3534-3540.

[116] 李闽. 低渗砂岩有效应力规律与应力敏感性研究[D]. 成都: 西南石油大学, 2009.

[117] 李闽, 肖文联, 郭肖, 等. 塔巴庙低渗致密砂岩渗透率有效应力定律实验研究[J]. 地球物理学报, 2009, 52(12): 3165-3174.

[118] 肖文联, 赵金洲, 李闽, 等. 富含黏土矿物的低渗砂岩变形响应特征研究[J]. 岩土力学, 2012, 33(8): 2444-2450.

[119] 肖文联. 鄂北低渗砂岩渗透率有效应力方程与应力敏感性研究[D]. 成都: 西南石油大学, 2009.

[120] Barenblatt G I, Zheltov J P, Kochina I N. Basic concepts in the theory of seepage of homogeneous liquids in fissured rocks [J]. Journal of Applied Mathematics and Mechanics, 1960, 24(5): 1286-1303.

[121] Warren J E, Root P J. The behavior of naturally fractured reservoirs [J]. SPEJ, 1963, 22(3): 244-255.

[122] Bai M, Roegiers J C. An alternative solution of dual-porosity media [J]. Paper SPE 26270, 1993.

[123] Bear J, Tsang C F, Marsily G D. Flow and contaminant transport in fractured rock[J]. Journal of the American Mosquito Control Association, 1993, 23(3): 330-4

[124] 王渊, 李兆敏, 李宾飞, 等. 生物酶改变岩石表面润湿性实验研究[J]. 油气地质与采收率, 2005, 12(1): 71-72.

[125] 孙洪国. 大庆油田三元复合驱油层动用技术界限研究[J]. 特种油气藏, 2016, 23(2): 104-107.

[126] 廖凯丽, 王斌, 于乐香, 等. 阴离子/非离子表面活性剂驱油技术研究[J]. 当代化工, 2014, 43(8): 1485-1487.

[127] 李道山, 廖广志, 杨林. 生物表面活性剂作为牺牲剂在三元复合驱中应用研究[J]. 石油勘探与开发, 2002, 29(2): 106-109.

[128] Jonathan D V H, Ajay S, Owen P W. Recent advances in petroleum microbiology [J]. Microbiology and Molecular Biology Reviews, 2003, 67(4): 503-549.

[129] 张继芬. 提高石油采收率基础[M]. 北京: 石油工业出版社, 1997.

[130] 王庆, 赵明宸, 孟红霞, 等. 生物酶在出砂稠油井解堵中的应用[J]. 油田化学, 2002, 19 (1): 24-26.

[131] 孔金, 李海波, 周明亮, 等. SUN 生物酶解堵剂及其在胜利海上油田的应用[J]. 油田化学, 2005, 22(1): 23-24.

[132] 沈治凯, 陈兴武. 阿波罗生物酶解堵技术在桥口油田的应用 [J]. 特种油气藏, 2004, 11(1): 69-70.

[133] 苏崇华. 生物酶解堵增产研究与应用[J]. 石油钻采研究, 2008, 30(5): 96-100.

[134] 杨德华. 生物酶增产技术在低渗油田的应用[J]. 石油化工应用, 2018, 37(2): 86-88.

[135] 柯岩, 谌国庆, 吴峰山, 等. 生物酶驱油技术在低渗油田的研究及应用[J]. 石油与天然气化工, 2016, 45(1): 79-82.

[136] Friedmann F, Chen W H, Gauglitz P A. Experimental and simulation study of high-temperature foam displacement in porous media [C]. SPE 17357.

[137] 张彦庆, 刘宇, 钱昱. 泡沫复合驱注入方式、段塞优化及矿场试验研究[J]. 大庆石油地质与开发, 2001, 20(1): 46-49.

[138] 刘中春, 侯吉瑞, 岳湘安, 等. 泡沫复合驱微观驱油特性分析[J]. 石油大学学报, 2003, 27(1): 49-53.

[139] 伍晓林, 陈广宇, 张国印. 泡沫复合体系配方的研究[J]. 大庆石油地质与开发. 2000, 19(3): 27-29.

[140] 赵人萱. X 试验区泡沫驱数值模拟研究[D]. 成都: 西南石油大学, 2013.

[141] 周国华, 王友启, 马涛, 等. 空气泡沫与二氧化碳泡沫特征分析研究[J]. 中外能源, 2015, 20(4): 46-49.

[142] 刘祖鹏, 李宾飞, 赵方剑. 低渗透油藏 CO_2 泡沫驱室内评价及数值模拟研究[J]. 石油与天然气化工, 2015, 44(1): 70-74.

[143] 杜东兴, 王德玺, 贾宁洪, 等. 多孔介质内 CO_2 泡沫液渗流特性实验研究[J]. 石油勘探与开发, 2016, 43(3): 456-461.

[144] 李松岩, 李兆敏, 李宾飞, 等. 泡沫驱替过程中阻力因子与岩心气相饱和度的变化[J]. 油田化学, 2016, 33(2): 265-270.

[145] 张营华. CO_2泡沫剂的气溶性与封堵性研究[J]. 科学技术与工程, 2017, 17(21): 233-235.

[146] 李道品. 低渗透砂岩油田开发[M]. 北京: 石油工业出版社. 1997.

[147] Govier G W, Aziz K. The flow of complex mixtures in pipes[J]. Journal of Applied Mechanics, 1973, 40(02): 404.

[148] Launder B E, Sharma B I. Application of the energy-dissipation model of turbulence to the calculation of flow near a spinning disc [J]. Letters Heat Mass Transfer, 1974, 1(02): 131-137.

[149] 赵化廷. 新型抗盐抗温泡沫复合体系的研究与性能评价[D]. 成都: 西南石油学院, 2005.

[150] 李靖嵩, 曹静, 周明, 等. CR052111 /APP-4 二元泡沫体系的室内研究[J]. 钻采工艺, 2015, 38(1): 91-94.

[151] 裴戈, 杜朝锋, 张永强, 等. 长庆高矿化度致密油藏空气泡沫驱适应性研究[J]. 油田化学, 2015, 32(1): 88-92.

[152] 刁素. 高温高盐泡沫体系及其性能研究[D]. 成都: 西南石油大学, 2006.

[153] 周明, 蒲万芬, 王霞, 等. 抗温抗盐泡沫复合驱驱油特性研究[J]. 钻采工艺, 2007, 30(2): 112-114.

[154] Guo X, Meng X G, Du Z M, et al. Studies on foam flooding for high salinity reservoirs after polymer flooding [J]. Journal of Petroleum Science & Engineering, 2015, 2: 103-109.

[155] Zhou M, Li S S, Zhang Z. Synthesis of oligomer betaine surfactant（DDTPA）and rheological properties of wormlike micellar solution system[J]. Journal of the Taiwan Institute of Chemical Engineers, 2016, 66 (5): 1-11.

[156] 邹德海. 高含水油藏泡沫调驱提高原油采收率研究[D]. 大庆: 大庆石油大学, 2006.

[157] 黄亚杰, 周明, 张蒙, 等. 高温高盐油藏聚合物增强泡沫驱驱油性能评价[J]. 石油与天然气化工, 2016, 45(6): 70-74.

[158] 周明, 陈欣, 乔欣, 等. 两性 Gemini 表面活性剂的合成研究进展[J]. 精细石油化工, 2015, 32(6): 76-83.

[159] Wang J, Ge J J, Zhang G C, et al. Low gas-liquid ratio foam flooding for conventional heavy oil[J]. Pet. Sci, 2011, 8(3): 335-344.

[160] 陈欣, 周明, 夏亮亮, 等. 两种油田用阴-非离子表面活性剂PDES和ODES的性能[J]. 油田化学, 2016, 33(1): 103-106.

[161] 王继刚. 氮气泡沫调剖剂的研究与评价[D]. 大庆: 大庆石油学院, 2008.

[162] 孙琳, 魏鹏, 蒲万芬, 等. 抗温耐油型强化泡沫驱油体系性能研究[J]. 精细石油化工, 2015, 32(3): 19-23.

[163] 刘勇, 唐善法, 薛汶举. 低界面张力氮气泡沫驱提高采收率实验[J]. 油田化学, 2015, 32(4): 520-524.